惠安常见树木

HUI'AN CHANGJIAN SHUMU

刘荣成　林竑斌
惠安县林业局　编著

中国林业出版社

图书在版编目（CIP）数据

惠安常见树木/刘荣成，林竑斌编著.—北京：中国林业出版社，2008.12
ISBN 978-7-5038-5343-2

Ⅰ.惠… Ⅱ.①刘…②林… Ⅲ.木本植物－简介－惠安县
Ⅳ.S717.257.4

中国版本图书馆CIP数据核字（2008）第175630号

封面题字 赵学敏

出　　版 中国林业出版社（100009 北京市西城区德内大街刘海胡同7号）
网　　址 www.cfph.com.cn
E-mail cfphz@public.bta.net.cn 电话：(010) 66185764
发　　行 新华书店北京发行所
印　　刷 科学出版社印刷厂
版　　次 2008年12月第1版
印　　次 2008年12月第1次
开　　本 787mm×1092mm 1/16
印　　张 12
字　　数 300千字
印　　数 1～3000册
定　　价 96.00元

《惠安常见树木》

编辑委员会

序
PREFACE

适逢举国同迎北京奥运胜利开幕，人们倡导绿色生态文明之际，喜闻《惠安常见树木》出版，欣慰之余，应同行之嘱，执笔以为序。

惠安植物系属南亚热带雨林区域，能适应该地的树木种类繁多。《惠安常见树木》在历时一年的树种调查基础上，收录了最常见的一些树种，数易其稿，广集资料，凝聚着惠安林业工作者的汗水、智慧和心血。该书的编撰旨在指导惠安林业生态建设、林木资源培育和开发利用，但尤为重要的是该书还传承了惠安的地域生态文化。全书图文并茂，资料翔实，可资林业工作者、植物爱好者、中小学学生等科普教育、野外考察、植物鉴赏、树种识别之用，不失为一本好书。

观史以鉴，省今以励。惠安史曾“松柏枫楠以材、桑柘以叶、槐以华、乌柏以实，栟榈以棕，榕以荫，诸如此类皆美材也，风雨时舒，自海隅达之山陬，莫不有茂林蒙密。”然明朝中期至新中国成立前，人们无序利用森林资源，童山而樵，致使森林消逝，山峦濯濯，水土流失，溪流淤塞，风沙肆虐，赤地百里，村庄墟废，民不聊生，惜哉叹哉！而今，历半个多世纪的林业建设，惠安渐见山清水秀、万壑松风，鸟语花香、美景宜人之生态，尤以近年来，惠安从“点”、“线”、“面”的角度，完善了沿海绿色长城、沿江沿溪沿路林带景观、农田林网，建设了湿地红树林、丘陵山地生态园林、城市森林公园等，基本实现了县城园林化、城郊森林化、道路林荫化、庭院花园化的城乡绿化一体化目标，一座具有特色的现代沿海森林生态城市屹立在海峡西岸，实属可喜可贺！在新的历史时期，期望惠安生态建设取得更大辉煌。

唐守正

中国科学院院士

2008－08－08

前言

FOREWORD

在台湾海峡西岸福建黄金海岸线的中心点，在富饶美丽的泉州湾畔，镶嵌着一颗闪亮的明珠——惠安。惠安气候温润，雨量充沛，光热条件优越，适宜生长孕育繁多的树种群体。

然而，由于历史原因和人们对大自然无节制的索取，造成生态环境严重恶化。新中国成立前，惠安森林覆盖率仅2%，沿海风沙侵蚀严重，赤地百里，山体岩石裸露，草木难长，脆弱的生态环境严重影响了人们的生产和生活。惠安也因此成为全国闻名的“臭头山县”。新中国成立后，历届县委、县政府领导广大干部群众征服穷山恶水，开展治理风沙，治理水土流失，进行生态建设和恢复工作。20世纪50～60年代，沿海一线大造海防林基干林带和农田林网；60～70年代，大力治理水土流失；70～90年代，“三五七”大造林，基本消灭荒山；90年代末以来，大力争取中央国债资金，不断完善沿海防护林体系建设；同时加强了城乡绿化一体化建设和全民义务植树活动。现在沿海基干林带基本合拢，昔日的荒山秃岭披上了“绿装”，风沙肆虐的大地织上了“绿网”，钢筋水泥鳞次栉比的城乡居住区造上了“绿园”，一个“点、线、面”相结合，“乔、灌、草”互搭配的森林生态网络体系基本构成，为国民经济和社会发展提供了强有力的生态支撑。

树木是森林的重要组成部分，树木奉献给人类的有果、花、叶、木材及各种林副产品，给我们生产、生活提供了丰富资源，但实际上树木的生态价值要远远超过树木本身的可见资源。随着经济社会的快速发展和人们生活水平的迅速提高，追求生态、回归自然成为新时代的一种时尚和潮流。尤其是中国共产党第十七次全国代表大会以来，建设生态文明成为各地的新追求。为了进一步推进惠安的造林绿化工作，营造优美的生态环境，惠安县委、县政府号召全县在完善规划林地植树造林的基础上，大力开展非规划林地造林。根据全县造林绿化的需要，组织了时达一年的惠安乡土树种调查，并在此基础上形成了本书，以期指导全县的造林绿化，同时希望对类似地区有所启发。

本书的出版，得到中国林业出版社的大力支持，承蒙国家林业局副局长赵学敏题词和中国科学院院士唐守正作序，谨此致以衷心的感谢！

本书收录的树种，共51科151种（不含变种），以乔木、小乔木为主，灌木只收录一些重要推广树种如老鼠簕和黄栀子等。因时间仓促，未能提供全部所录树种的花期与果期的照片，颇为遗憾。由于学识水平有限，经验不足，书中错漏在所难免，敬请读者批评指正。

编　者

2008－08－08

CONTENTS 目录

第一部分
惠安树木资源概况

惠安树木资源概况　　自然社会概况　　自然条件　　历史和人文景观　　社会经济
树种资源　　植被资源概况　　资源树种分类　　重要科属简述
珍稀树种与名木古树　　常见病虫害及其防治　　病虫害防治的基本方法
常见病害症状及防治方法　　常见虫害症状及防治方法　　树种规划与推广

第一章　自然社会概况

惠安地处福建省东南沿海突出部，位于东经118° 37′～119° 05′，北纬24° 49′～25° 07′，介于泉州湾和湄洲湾之间，北接泉州市泉港区，西与泉州市洛江区毗邻，西南、南隔泉州湾与泉州市丰泽区、石狮市相望，东隔湄州湾与莆田市秀屿区相对，东南临台湾海峡。

第一节　自然条件

1. 气候

惠安属南亚热带海洋性气候，温暖湿润、雨量充沛、阳光充足、四季分明，且冬短夏长、冬无严寒、夏无酷暑，年平均气温20.1℃，全年≥10℃的积温6616℃，无霜期306天。雨季集中，多在3～6月，其他季节较少雨，年降水量1241mm，累计年平均蒸发量2022.8mm，降水量低于蒸发量的多达10个月，干旱时间长，年平均相对湿度为77%。全年多风，主要风向为东北风，全年225日，历年平均风速为4.0m/s，瞬间最大达33m/s，8级以上大风103天。灾害性天气为台风、风暴潮、旱、涝。

2. 地质地貌

惠安地貌属于东南沿海低山丘陵区，地势由西北向东南倾斜，由低山过渡到丘陵、台地和平原，地形以丘陵、台地为主。长乐—南澳断裂带经肖厝—螺城—屿头斜贯中部。全县最高峰笔架山海拔798m。海岸曲折，多港湾，大小岛屿40多个。

3. 土壤

惠安属中亚热带闽东南沿海红壤区，是在南亚热带海洋性季风气候条件下形成的。境内土壤可划分为6个土类、12个亚类、23个土属、35个土种。全县以红壤类分布最广，西部、西北部主要为红壤类分布区，中部为砖（赤）红壤类分布区，相当部分为粗骨性红壤，东部、东南部为沿海风砂土、盐土分布区。成土母质以冲积层、洪积层、海积层残积母质为主，局部地段也分布有堆积母质。

4. 水文

惠安溪河短浅，多独流入海。主要河流：林辋溪长28.2km，流域119.3km^2；洛阳江长42.6km，流域260km^2。还有黄塘溪、蔗潭溪等。

惠安属于地下水资源缺乏地区，人均水资源407 m^3，相当于全省的12.1%，全国的19.7%。

第二节　历史和人文景观

惠安历史悠久，历史文化遗迹众多，旅游资源丰富。有县级以上文物保护单位71处，其中国家级重点文物保护单位2处，省级重点文物保护单位3处。惠女民俗风情以及独特的名胜古迹、滨海风光名扬海内外。有载入桥梁建筑史的我国历史上第一座石结构跨海桥梁宋代的洛阳古桥，有全国保存最完整的明代“丁”字形石砌古城崇武古城，有各种古代墓葬、摩崖石刻，更有美丽的海岸、沙滩和红树林。

第三节　社会经济

惠安土地面积682.3km^2，辖15镇、1民族乡，人口92万，是一个人多地少的县份。惠安综合实力不断增强，连续多年跻身全国百强县行列，位居“全国县域经济基本竞争力百强县”和“全国最发达100县（市、区）”之列；连续多年进入福建省“十强县”行列，经济总量居福建省第四位。先后获得“福建省计划生育工作先进县”、“福建省精神文明建设先进县”、“福建省双拥工作模范县”、“福建省教育双高普九达标县”、“福建省旅游工作先进县”、“福建省外经工作先进县”、“福建省沿海防护林体系建设先进单位”、“全国平原绿化先进单位”、“全国防沙治沙先进集体”、“全国水土流失治理工作达标县”、“国家级园林县城”等称号。境内交通发达，实现农村“通达工程”，行政村道路硬化率100%。

第二章　树种资源

第一节　　植被资源概况

惠安森林覆盖率29.2%。林业用地面积21 230hm^2(包括国有林场371hm^2)，集体林业用地中生态公益林面积16 987 hm^2，约占林业用地面积的82%，商品林面积3872hm^2，约占林业用地面积的18%。其中有林地面积19 300 hm^2，占林业用地面积的90.9%，疏林地面积115hm^2，未成林造林地面积727hm^2，苗圃地3hm^2，无林地1 086hm^2。林木总蓄积量为349 369m^3。

惠安植被系闽粤沿海丘陵平原亚热带雨林区、闽东南戴云山东湿暖亚热带雨林小区。《惠安林业志》（1993年）记载有植物种类3门109科334种（含泉港），其中蕨类植物16科23种，裸子植物5科14种，被子植物88科297种。据调查，仅笔架山区域就有野生维管束植物98科234属301种，其中蕨类植物16科18属23种，裸子植物2科3属5种，被子植物80科213属273种，占了全县植物种类的90%。

从现有植被的外貌及其组成成分来看，惠安植被类型主要有南亚热带常绿阔叶纯林、常绿阔叶混交林、针阔混交林、针叶纯林、红树林、竹林、灌丛、草丛草坡、沼泽草地等9个森林植被类型。主要是以马尾松、台湾相思为优势树种的针阔混交林，伴生有鹅掌柴、木荷、榕树、樟树等树种。局部有残次生林的常绿阔叶林，种类较多，林内时有表现出寄生现象、板根现象和

绞杀现象，林中还有下层木、林下及间层灌木植物，反映出南亚热带雨林成分的特征，其组成的种类主要有：壳斗科、桑科、樟科、豆科、大戟科、山茶科、紫金牛科、马鞭草科、茜草科、桃金娘科、五加科等。古老树种成分有一定种类，如壳斗科、杨梅科、桑科、豆科等约20个科是福建第三纪植物区系成分的直接后裔。

惠安主要群系和群丛有滨柃+茶果冬青－黑松灌丛、滨柃—黄瑞木灌丛、相思树+鹅掌柴－水团花林、马尾松林、桐花树林、白骨壤林、秋茄+桐花树林、桐花树+白骨壤林、相思树＋木荷林、鹅掌柴+铁冬青林、漆树＋相思树＋鹅掌柴林、马尾松+相思树林、相思树林+朴树+马尾松林、马尾松+杉木林、木荷+马尾松林、杉木＋鹅掌柴林、香樟林、杉木林、湿地松林、黑松林、油茶林、木麻黄林、桉树林、余甘子林、鹅掌柴林、相思林、龙眼林、油杉林、油桐群丛、黄栀子灌丛、杜鹃灌丛、桃金娘灌丛、白千层群丛、毛竹林、藤枝竹丛、绿竹丛、麻竹丛、类芦草丛草坡和沼泽草地等。

重要和特色群落简介如下：

1．南亚热带中生性常绿阔叶灌丛

（1）**常绿针阔灌丛——滨柃+茶果冬青－黑松灌丛**　调查群落位于笔架山上部东侧，海拔570～650m，土壤为粗骨性红壤，土层厚度30～40cm，表土层10cm左右。群落外貌青绿色（季相有不同程度的变化，主要是春季秋季一些种类嫩叶呈紫红色或黄绿色）。树冠浓密，林相较整齐。由于地处较高山头，风大云雾大，树木略呈矮化现象，一些树种（如茶果冬青）树梢分蘖成细小密集众多的细枝，总郁闭度达90%以上，在25m^{2}样地内约有滨柃29株，黑松18株，茶果冬青6株，黄瑞木3株，赤楠2株，平均树高1.8m，平均胸径4cm。本灌丛最高的树木茶果冬青达7.5m，胸径19cm。其他主要树种有马尾松、湿地松、木荷等构成一层树木，还有细齿叶柃、福建胡颓子、黄栀子、映山红等构成。藤本植物有葛藤、玉叶金花。草本层有芒萁、空心泡、地胆草、莩草等。在一些岩石裸露的山头，以紫花杜鹃、滨柃、白马骨、三裂绣线菊及露水草为主。黑松约在20世纪70年代引种，长势一般，高度呈灌木状，最高约2m，成为沿海较高海拔幸存的一片黑松林。

（2）**常绿阔叶灌丛——滨柃—黄瑞木灌丛**　调查群落位于笔架山西北面，海拔550～630m，土壤为粗骨性红壤，土层厚度15～25cm，表土层5～12cm，群落外貌呈青绿色，林相整齐，树冠浓密，群落郁闭度达98%，在25m^{2}的样地内有滨柃30株，黄瑞木6株，茶果冬青3株，林木平均高度1.7m，胸径3cm，构成一层林，林内伴生天仙果、杜鹃花、簕欓花椒等，林下基本无草本植物。

2．常绿阔叶林

（1）**台湾相思+鹅掌柴－水团花林**　调查群落位于笔架山南面至山麓，及山麓南面半岭村部分山林，海拔350～600m，从较陡的山坡直延山麓，土壤为粗骨性红壤，土层厚度30～60cm，表土层10～15cm，群落外貌深绿色，夏季花期呈现黄色，林相较整齐，总郁闭度85%。乔木层平均高3.5m，胸径6cm。伴生树种马尾松、木荷、杨梅、茶果冬青等，灌木层有天仙果、乌饭树、簕欓花椒、野柿、黄栀子等。相思树占优势，鹅掌柴和水团花也占有一定数量。在100m^{2}样地中有相思树25株，鹅掌柴15株，水团花8株。由于该群落地处南坡至山麓，立地条件较好，植物种类较丰富，略呈现亚热带雨林状态。间层植物有畏芝、龙须藤、藤黄檀、玉叶金花、木防已、蔓九节、圆盖阴石蕨等，草木层植物有乌毛蕨、胎生狗脊蕨、肾蕨及地胆草、白舌紫菀及

五节芒等。

（2）**香樟林**　调查群落位于螺城镇东南街火山下，海拔50～80m，土层厚60～80cm，表层厚10～20cm，约1hm^2，香樟约50多株，林相整齐，树干通直粗壮，树形美观，郁闭度85%以上，树高18m以上，胸径25cm以上，个别株胸径达40cm，边缘有高大相思树伴生，下层天然萌生的香樟次生林盖度较大，略呈现亚热带雨林状态，立于林下有阴凉清爽的感觉，时有香樟特有芬芳气息沁人肺腑。

（3）**白千层群丛**　调查群落位于螺城镇梅山村路边，土质松厚、湿润，土层厚，旁有小水塘，十多株白千层簇生，占地约50m^2，形成的小群落较稳定，树干直，高16m以上，胸径约35cm，皮白色、片状剥落，干纵向脉扭曲，似藤缠绕状，叶色苍翠，错落有致，甚为美观。东北侧为小山包，林木葱郁，有龙眼、柠檬桉、相思等混生。

3．落叶阔叶林

枫香林　调查群落位于黄塘镇接待村惠黄路边，地处丘陵下部，立地条件较好，面积约0.3 hm^2，树木长势良好，高大笔直，平均高达15m，平均胸径20cm，在100m^{2}样地中有枫香18株，伴生树种有鹅掌柴、马尾松。下层灌草盖度较高，每年春季，枫香新叶萌发，与其他常绿树种黄绿相间，十分美观。此种群落在全县并不多见，值得保护。

4．常绿针叶林

马尾松林　调查群落位于笔架山南面及西南面近中下部山麓（其他角落也有一定数量分布），海拔310～450m，土壤为粗骨性红壤，土层厚30～50cm，表层厚10～20cm，枯枝落叶层厚约1～2cm。在西南坡海拔约350m地带的马尾松长势较差，但较均匀，100m^{2}样地内有39株，盖度85%；在山麓下村边的马尾松平均高5m，胸径10cm，最高可达9m，胸径30cm。伴生树种有杉木、相思、油桐等，灌木有水团花、酸果藤、檵木、豺皮樟、盐肤木、野牡丹、桃金娘，藤本有络石、蔓九节、玉叶金花、酸叶胶藤，草木层有芒萁、地稔、地胆草、霍香蓟、假臭草、弓果黍、荩草等。

5．针阔混交林

相思+马尾松　为全县最典型群落，分布范围广，面积大，约占有林地的50%，是低山、丘陵、台地中下部最常见的植被类型，起源为人工+天然结合，相思树以人工造林或二代自然更新为主，马尾松以天然更新为主。群落表现稳定，伴生树种有桉树、油桐、鹅掌柴、杉木、木麻黄、木荷、山乌桕、野漆树等，灌木有盐肤木、杜鹃、黄栀子、水团花、酸果藤、檵木、豺皮樟、野牡丹、桃金娘，藤本有络石、蔓九节、玉叶金花、酸叶胶藤，草木层有芒萁、地稔、地胆草、霍香蓟、假臭草、弓果黍、荩草等。

6．肿节少穗竹林

该群落属暖性竹林，主要位于笔架山北坡，海拔620～670m，有间断分布的两块，面积分别为18.6hm^{2}和10hm^2，土表厚约5cm，周围植被为滨柃、黄瑞木、赤楠等灌丛。在25m^{2}样地内约有17株，呈纯林丛生。东坡和个别地方（如湿地旁高度达3.5m）还有小块状零星分布，大有扩展之势。

7．湿地草甸

该群落位于笔架山茂密的针阔混交林空地中，矩形状周围地形为山地阔叶林和小片肿节少穗竹林，总坡度缓和，面积约0.8hm^{2}周围树木主要有滨柃、茶果冬青、马尾松。灌木有杜鹃、

黄瑞木、软条蔷薇。本草甸沼泽地，积水深约5～15cm，多处于停滞状态渍水，中间有几条流水浅沟。在1m²的样地内有11种植物，如堇菜、雀稗、扁穗莎草、星宿菜、地耳草、圆叶节节菜、天胡荽、江浙狗舌草及石菖蒲等。此类型湿地在山沟多有出现，有的形成洼地，并发现有螃蟹，面积虽小，但对上山蓄水起重要作用。故作为一个群落类型列出。

8．人工植被

⑴ **人工杉木林** 调查群落主要位于羊厝后角落山地和中部山坡，面积达20hm²（全县其他角落也有分布，但面积不大），为1958年人工种植，1984年砍伐后的第二代萌芽林，经封育，长势良好，海拔约310～380m，土壤为红壤，土层厚100cm，表土厚20cm，林相整齐，郁闭度90%。在100m²样地内，有杉木22株，最高达15m，胸径最大38cm，平均树高11m，胸径18cm。林下灌木有九节木、野牡丹、土密树、牡荆，草木层有芒萁、蔓九节、地胆草等。

⑵ **人工油茶林** 主要分布于紫山半岭、黄塘松溪等村，曾一度荒废，现经抚育和低产改造，产量有所提高，25m²样地内有16株，每5kg种子可榨油约1.5kg。

⑶**龙眼林** 全县各地均有分布，除早期种植的以外，20世纪90年代，又有大规模种植，主要种植在坡耕地和旱田上，总面积约1400 hm²，因品种较单一，管理水平不高，产量和品质均不理想。

⑷**余甘子林** 主要分布在惠安西部山地，为惠安水果特产，富含维C和其他营养，有较高的药用、食用、经济价值，加工附加值高，面积约2000hm²，但多为纯林，近年来，产量、品质有所下降，效益不高。冬天落叶，影响生态景观。

⑸**人工桉树林** 20世纪80年代引种推广柠檬桉，现零星分布于“四旁”居多，成片种植的，除蔗潭溪外，已不多见。树木高大，美观，单株胸径大于50cm的，并不为奇。近年来，引种推广部分尾巨桉（Ec1、Ec2）、巨尾桉（DH32），大量种植的为尾叶桉U6，种植数量约200多万株，分布在全县各个台地或低丘下部，沿海平原也有一定数量。该树种生长较迅速，3年便能成林，树高能达10m以上，胸径12cm以上。

⑹**人工湿地松林** 分布在黄塘后店，面积约30hm²，20世纪80年代末至90年代初种植，海拔50～150m，土壤为粗骨性红壤，土层厚30～50cm，

表层厚10～20cm，枯枝落叶层厚约1～2cm。长势一般，但较均匀，$100m^2$样地内有28株，盖度85%，平均高10m，胸径15cm；最高可达15m，胸径30cm。

⑺**木麻黄林带** 分布在全县沿海前沿，总面积约$6600hm^2$，是惠安沿海人民的生命线，最厚处超1km，最窄处仅数米，以20世纪60～70年代的居多，保护较好的地段为赤湖林场、山霞大淡、东坑、下坑、小乍林场、张坂七一垦区等，全县林带平均高度可达15m，胸径20cm，单株最高可达25m，胸径50cm以上。近年来，因沿海经济开发和台风水毁，林带逐年变窄变少，加上老化严重，前景不容乐观。木麻黄较速生，一般3年就可成林，目前是沿海基干林带难以替代的树种。

9．红树林群落

该群落位于洛阳江，共3个品种，天然分布的两个品种为桐花树和白骨壤，同时本区也是这两个品种天然分布的最北界，仅存的天然红树林主要分布在屿头湾一带，不足$20hm^2$，平均高度约1.8m，丛生。少量秋茄为20世纪50年代引种，平均高度在2.5m。2002年起，惠安大面积种植桐花树+秋茄混交林，总面积达到$300hm^2$，现已基本成林，与天然林融为一体，平均高约1.5m，盖度达85%以上，呈近自然模式分布，群落以桐花树、桐花树+秋茄、桐花树+白骨壤为主，较为稳定，发挥了强大的生态功能，有很高的生态效益、社会效益和经济效益。

第二节 资源树种分类

根据资源树种的用途，大致可分为原料性资源树种和非原料性资源树种两大类。

1．非原料性资源树种

（1）**绿化和观赏树种资源** 惠安绿荫掩映，四季如春，鸟语花香，山花烂漫，有许多树种可供观赏。如：

观花的有：桃、李、豆梨、台湾相思、山茶、油茶、洋蒲桃、女贞、鸡蛋花、黄梁木、玉兰、广玉兰、含笑、合欢、槐树、桂花、白千层、红千层、刺桐、蓝花楹、黄花槐、黄兰、白兰、米仔兰、羊蹄甲、洋紫荆、泡桐、黄槿、木棉、紫薇、大花紫薇、柚、柑橘等。

观果的有：铁冬青、乌桕、石榴、喜树、无花果、莲雾、番木瓜、粗糠柴、破布木、木波罗、油杉、油桐、柑橘、柚、龙眼、荔枝、无患子、番石榴、杧果、桃、李、杨桃、杨梅、黄兰等。

观叶的有：黄连木、潺槁木姜子、野漆树、枫香、山乌桕、罗汉松、榕树、菩提树、苏铁及各种棕榈、竹类。

（2）**环境监测和抗污染树种** 松属的树种可用作指示环境中臭氧的变化，当环境中臭氧浓度过高时，这些树种叶片就出现大片的古铜色斑点、褪绿以至叶片脱落。女贞属的一些种类可以作粉尘监测树种。还有可用作抗污染的树种如吸收有害气体（二氧化硫、氯气、氟化氢等）、滞留灰尘、杀灭细菌等的树种有柏类、樟树、水杉、黄连木、银桦、油茶、朴树、榕树、乌桕等。

（3）**改良土壤的树种（绿肥树种）** 绿肥树种在维持土壤肥力和促进种植业的方面有着重要的作用，同时还有保持水土、培肥地力、美化环境等多方面的功能。绿肥树种一般可分为固氮绿肥和非固氮绿肥。如：木麻黄、相思类等为固氮绿肥树种。还有许多能与放线菌共生固氮的树种如杨梅等，可在林下或果园隙地栽培，有助于改良土壤、保持土壤肥力。此外，以下几种树种氮、磷、钾含量高，可开发作绿肥资源，如：山乌桕、盐肤木等。

2．原料性树种资源

（1）**用材树种**　用材树种主要是利用树种茎干的木质部分。地带性植被为针阔常绿混交林，主要用材树种有：马尾松、桉树。一般用材树种有相思树、杉木、木荷、鹅掌柴、大叶合欢、山合欢、无患子、野漆树、漆树、铁冬青、秋枫、榕树、油茶、山乌桕、乌桕、枫香、桉树、苦楝、阴香及竹类等。高级用材树种有：青冈栎、香樟、柚木、桃花心木、印度紫檀等。

（2）**纤维树种**　纤维树种具有纤维含量高，细长、拉力强、韧性强的特点，主要用于造纸、编织、纺织、搓绳等。主要种类有：榆科、桑科、竹亚科、大戟科、锦葵科、梧桐科等树种。

（3）**鞣革树种**　鞣革树种主要指富含单宁的树种，但只有含单宁在7%以上，且纯度超过50%的才有开发价值。主要种类有：马尾松、杉木、杨梅、橡皮树、榕树、苦楝、羊蹄甲、樟、枫香、合欢、油桐、乌桕、盐肤木、黑荆、木麻黄、野漆树、铁冬青等。

（4）**芳香树种**　芳香树种可提取芳香油及生产香料、香精等。主要种类有香樟、阴香、樗槁木姜子、橙、柚、柑、簕欓花椒、鹅掌柴、桂花、黄栀子、玉兰、白兰花等。

（5）**油料树种**　油料树种是指加工后可作为食用、工业用及油漆用的树种资源。主要种类有油茶、油桐、黄连木、野漆树、柘树、朴树、香樟、山乌桕、乌桕、梧桐、杨梅等。

（6）**蜜源树种**　蜜源树种可吸引蜂类昆虫采蜜。如山乌桕、龙眼、鹅掌柴、杉、松、沙梨、豆梨、黄栀子、柚、柑橘、桐花树等。

（7）**食用树种**　食果树种如桃、李、梨、沙梨、杧果、木瓜、龙眼、荔枝、余甘子、柚、柑、橙、石榴、番石榴、莲雾、杨桃、杨梅、人心果、树波罗、无花

果、桑等。食花树种如桂花、黄栀子、黄槿等。食笋树种如竹类。食叶树种如桑、黄边木、香椿等。此外，很多野生食用树种值得开发和利用，自古以来，人类的食用树种均来源于野生树种，野生食用树种包括野果、野菜、代茶饮料和酿酒等种类。野生食用树种分布广，种类多，产量大，抗逆性强，无化肥和农药污染，其中相当一部分风味好、营养丰富，有益健康。目前，世界上栽培食用树种只有250种左右，只是现存树种的千分之一。从发展的观点看，野生食用树种可作为栽培食用树种的来源，如：豆梨、酸橙、白骨壤、黄连木、天仙果等。

（8）**药用树种** 多数树种有药用价值，如盐肤木、女贞、桑、余甘、黄栀子、天仙果、杨桃、老鼠簕等。

第三节 重要科属简述

1．豆科（Leguminosae）

豆科植物大多数为复叶，少数单叶，具托叶，叶互生。花辐射对称至两侧对称，花序有总状花序、穗状花序。少数单生，多为两性花。萼片、花瓣各5个，花冠多蝶形或假蝶形，雄蕊多为花瓣的2倍，常为(9)+1，称为二体雄蕊，上位子房，单心皮组成一室，含1到多数胚珠，果为荚果。

有关专家根据花部的花瓣排列、雄蕊类型等特征将豆科分为3个亚科。

⑴**含羞草亚科**（Mimosoideae） 木本，少草本，叶一回或二回羽状复叶。整齐花，花瓣镊合状，雄蕊不定数到定数，荚果有的具有次生横隔膜。惠安本属的树种为相思类和合欢类植

物。包括各种相思、合欢、凤凰木等，该亚科树种多为本地的主要造林树种。

⑵**云实（苏木）亚科**(Caesalpinioideae)　木本，少草本，一回或二回羽状复叶，花从整齐花到不整齐花，假蝶形花冠，雄蕊10枚，趋于定数。本亚科中的艳紫荆、洋紫荆、羊蹄甲、槐树、黄花槐在惠安有引种，表现良好。

⑶**蝶形花亚科**（Papilionoideae）　多为草本，少木本，单叶或三出羽状复叶，少数二回羽状复叶，托叶具各种形状，并常具小托叶，蝶形花冠二体雄蕊，雌蕊花柱与子房成一定角度，荚果。刺桐、鸡冠刺桐、印度紫檀属于本亚科。

2．大戟科（Euphorbiaceae）

大戟科是双子叶植物纲蔷薇亚纲的一个大科。草本、灌木或乔木，体内常有乳白色液汁，该科多数种类有毒。叶通常互生，单叶，稀复叶，有托叶，基部或叶柄上有时有腺体。花单性，雌雄同株或异株，聚生成各种花序，通常为聚伞花序或特殊的杯状聚伞花序（大戟花序）；果多数为蒴果，成熟时分裂成3瓣，有时不开裂而成浆果状或核果状。该科包括宽子叶类和窄子叶类2类，叶下珠亚科、大戟亚科、铁苋菜亚科和巴豆亚科4亚科10族，共约300属5000多种，遍布全世界，主要产于热带和亚热带地区。中国约72属450多种，遍布中国各地区，主要产于西南至台湾。该科以盛产橡胶、油料、药材、鞣料、淀粉、木材等重要经济植物著称。大戟科在惠安也是一个大科，常见的乔木有4个亚科6属9种，有叶下珠亚科叶下珠属的余甘子，秋枫属（重阳木属）的秋枫和重阳木。铁苋菜亚科野桐属的粗糠柴。巴豆亚科石栗属的石栗，油桐属的三年桐、千年桐。大戟亚科乌桕属的乌桕、山乌桕。

3．桑科（Moraceae）

乔木或灌木，稀为草本，通常有乳液，有或无刺。叶互生，稀对生，全缘或具锯齿，有时分裂，叶脉掌状或羽状，托叶2枚，通常早落。花单性，雌雄同株或异株，无花瓣，花序穗状、聚伞状或头状等，果为瘦果或核果，围以肉质变厚的花被片，或藏于花被片内形成聚花果，或隐藏于壶形花序托内壁，形成隐花果（简称榕果），或陷入发达的花序轴内，形成大型的聚合果。胚悬垂，子叶折叠。桑科与荨麻科亲缘关系极为密切，由于桑科植物的胚珠悬垂倒生，而荨麻科植物的胚珠基生，是为两者最大区别。约37属（据Brummitt，1992）1200种（据Mabberley，1990），分布于热带、亚热带地区，少数种属分布至温带。我国产9属（按哈钦松系统）150余种和亚种。主要分布于长江以南各地区。桑科在惠安是一个大科，常见的乔木有5属14种，有桑属的桑，柘属的柘，波罗蜜属的木波罗，无花果属的菩提树、无花果，以榕属的居多，包括高山榕、大叶榕、小叶榕，垂枝榕、印度胶树、天仙果等。

4．桃金娘科（Myrtaceae）

常绿灌木或乔木。分布于热带地区的大科，约145属3000多种（据Bxiggo和Johnson（1979），主要分布于热带美洲和澳大利亚至热带亚洲。我国原产8属，驯化及引入的8属，126种，主要产于广东、广西及云南。单叶对生或互生、轮生，具羽状脉或基出3～5脉，全缘，常有腺点，无托叶。花两性，有时杂性，辐射对称，单生叶腋或排成各式花序；花柱单生，柱头不分裂或有时2裂。果为蒴果、浆果、核果或坚果或具分核，顶端常有凸起的萼檐；种子1至多个，常有角，无胚乳或有稀薄胚乳，胚直或弯曲成马蹄形或螺旋形，种皮坚硬或薄膜状。

桃金娘科常为热带或亚热带山地常绿阔叶林或干燥坡地的主要树种。有些种类是高大的乔木，是重要的木材资源；大多数种类的叶子都含芳香油，是工业及医药的重要原料；有些为热带水果；有些是庭园观赏树种。惠安常见的乔木有6属14种，如白千层属的白千层，红千层属的红千层，番石榴属的番石榴，蒲桃属的莲雾、赤楠，水翁属的水翁，桉属的各种桉树等。

5．楝科（Meliaceae）

乔木或灌木，稀为亚灌木；木材多半芳香，坚硬；小枝常有皮孔。叶互生、稀对生（我国不产），通常为1～3次羽状复叶，很少为3小叶或单叶。小叶对生或互生，通常全缘，有时具锯齿，基部多少偏斜。花小（有时极小）至中等大，稀大或极长，辐射对称，两性或杂性，稀明显的雌雄异株，通常为圆锥花序，间为总状花序或穗状花序，通常5基数，间为多基数或少基数。果为蒴果、浆果或核果，开裂或不开裂，果皮革质、木质或稀少肉质。种子有胚乳而具阔叶状子叶或无胚乳而具厚肉质，有时融合的子叶、胚根藏于其中，常有假种皮，有时具膜质翅（椿亚科、麻楝亚科）。约50属1400种，广布于全热带，少数分布于亚热带，极少分布至温带。我国有15属约60种，大部分分布在华南和西南，少数属分布至长江以北，秦岭以北仅有香椿1种。楝科许多种类木材（尤其是心材）优良，如桃花心木等的木材质软、芳香、耐腐、色泽美丽。有的种类入药，如楝属等。有些种类的花芳香，为熏茶香料。有许多种的木材（如椿属）含芳香油，树皮含树脂，这些树皮也常供药用，香椿的幼叶供蔬食。惠安常见的乔木有4属5种，有桃花心木属的桃花心木，麻楝属的麻楝，楝属的苦楝和川楝，米仔兰属的米仔兰。

6．松科（Pinaceae）

常绿或落叶乔木，稀灌木，具规则或不规则的轮生枝条，常形成尖塔形树冠。叶螺旋状排列，条形或针形，扁平，稀四棱形，在长枝上螺旋状排列，在短枝上成簇生状，针形叶常2

针、3针或5针成一束，生于极端退化的短枝顶端，基部包有叶鞘。球花单性，雌雄同株，雄球花腋生，或单生至数个簇生枝顶，圆柱形或穗状，雄蕊多数，螺旋状排列，每雄蕊具2花药，雌球花由多数螺旋状排列的珠鳞与苞鳞所组成，每珠鳞的腹面基部有2枚倒生胚珠，背面托以一片分离的苞鳞，花后珠鳞发育成种鳞。果当年或第二年、稀第三年成熟，熟时张开，稀不张开；种鳞扁平，木质或革质，宿存或脱落。种子顶端常具长翅，稀无翅。松科共10属，约230余种，分布全球，以北半球属种较多，为森林中的常见树种。我国有10属116种29变种，其中31种栽培24种、2变种，分布几乎遍及全国。绝大多数都是优良的用材树种，供建筑、桥梁、枕木、电杆、家具等用材。大多数种类是主要的造林树种。不少种类树皮可提单宁，木材、根皮、干皮及针叶富树脂，可提取松脂、松节油等工业上的重要原料；亦可供药用，有些种类的种子可食或供药用；很多种是庭园中极好的观赏绿化植物。惠安有松科2属4种，分别为油杉属的油杉，松属的马尾松、湿地松、黑松，其中马尾松是惠安分布最广、数量最多的树种之一。

7. 桉树（*Eucalyptus*）

桉树是桃金娘科桉属植物的通称，直译名为尤加利。桉属种类繁多，全世界的桉树品种约有1000多种，引入我国栽培的有300多种，惠安栽培的有柠檬桉、大叶桉、窿缘桉、尾叶桉、巨尾桉、尾巨桉、尾叶桉、刚果12号桉等。目前，在惠安大面积推广种植的桉树优良品种为无性系尾叶桉U6、巨尾桉和尾巨桉。

桉树为常绿乔木，树皮粗厚而宿存，或平滑而片状剥落。叶两型，幼态叶无柄而对生，成熟叶镰形或长圆形；有挥发性芳香油，花两性，萼管钟形与子房合生，花瓣与萼裂片连成帽状体，雄蕊多数，花药心形或肾形，直裂或孔开，花盘存在，子房下位，2～7室，胚珠多数。蒴果藏在壶形萼管内或突出萼管外，花盘在结实时形成果缘。种子多数，只有少数几个能育。

桉树喜光，多数不耐寒。适生于酸性的红壤、黄壤和土层深厚的冲积土。在土层深厚、疏松、通气、排水良好的地方生长良好。

桉树木材性质多种多样，一般坚韧耐久，可供枕木、矿柱、桥梁、建筑、浆粕和人造板等用料；叶可提制精油，生产桉叶醇、柠檬醛等，在香料、医药工业上有广泛用途；许多桉树的皮、材、叶含单宁，可用于锅炉除垢和缓凝剂；此外，桉树还是良好的薪炭材、蜜源植物、绿化及防护林用树种。

第四节 珍稀树种与名木古树

珍稀树种和古树名木是大自然的瑰宝，是祖先遗留给我们的宝贵自然遗产。珍稀树种多为古老孑遗树种，具有极高的科研价值和经济价值。

1. 珍稀树种

（1）**香樟** 其材质淡粉红色，有香气，耐腐，耐虫蛀，耐水湿，结构匀细，切面油润、光滑、美观，且易加工，是造船、车辆、建筑、高档家具、雕刻的上等用材。木材、枝、叶和根可提取樟脑和樟油，供医药及香料工业用。其树型高大，浓荫蔽地。可以作为主景树孤植于小区或交通岛，也可以植于道路，是优良的城市绿化树种。由于用途大，经济价值高，破坏严

重，因此野生大树、母树稀少。

（2）**油杉** 喜生于海拔1000m以下的阳坡或林缘。分布于广东、广西、浙江南部的沿海山地。木材坚实耐用，可作建筑、家具等用材，可作为沿海山地的造林树种。种子含油率约52.5%，属于不干性油，可制肥皂，作润滑油。

（3）**黄连木** 产于长江以南各省及华北、西北（陕西、甘肃）。木材鲜黄色，质坚致密，可作家具和细工用材。种子油可作润滑油和制皂，亦可食用，但味不佳。幼叶作蔬菜并可代茶。

（4）**水杉** 原产四川石柱和湖北利川，目前我国北京以南各地广泛栽培。国家一级保护植物，是世界上珍稀的孑遗植物，素有"活化石"之称。它对于古植物、古气候、古地理和地质学，以及裸子植物系统发育的研究均有重要的意义。树干通直圆满，材质较好，可以制作家具和在建筑上应用。水杉的树形优美，是一种良好的绿化树种。水杉对二氧化硫有一定的抵抗性，是工矿区绿化的好树种。

（5）**红树林** 红树林素有"海上森林"之称，是热带、亚热带海岸滩涂特有的植物群落，是最重要的湿地资源之一。红树林对维护生物多样性、固堤护岸、防治污染、提供林产自然资源等有重要作用；红树林独特的生理生态特性有很高的教学科研意义；红树林生态系统还是不可多得的生态旅游资源。惠安红树林共有4个树种，天然分布的2个品种为桐花树和白骨壤，人工引种的有秋茄和老鼠簕。

2. 古树

古树指的是树龄百年以上的树木，对研究当地村史和树种、地理有重要意义。名木是指有重要纪念意义或珍贵的树木。惠安县境内的名木古树有百余株，以榕树居多，其他的数量极少，如油杉、紫花玉兰、秋枫、桂花、槐树、朴树、茶花各1株，马尾松3株，榔榆5株，最近又从洛江区移植百年鸡蛋花1株。其中千年以上古树有：

油杉：紫山镇半岭村后坂1株，树高35m，胸径1.2m，冠幅约20m×20m，目前仍正常开花结实。

秋枫：黄塘镇接待村顶庵兜1株，树高16m，胸径2.3m，内有树洞，冠幅约20m×20m，目前生长正常。

第三章　常见病虫害及其防治

第一节　病虫害防治的基本方法

1. 防治原则

贯彻“以防为主、综合防治”的原则，一是提高植物自身抗病虫害能力，如品种选育，加强生境和肥水管理促其健壮，进行轮作和合理的混交配植；二是消灭病虫害的传播途径，如严格执行检疫条例，禁止外来危险性病虫害的入侵；三是根据病虫害发生规律，通过物理、生物、化学药剂等方法及时进行防控和消杀。

2. 防治方法

(1) **物理防治**　着重于防，对大面积发生的病虫害效果不佳，可减少化学药剂对环境造成的污染。主要方法有：清除病叶、落叶、病枝、枯枝、病株集中销毁；用生石灰3份、水10份配成石灰水；也可以用水10份、生石灰3份、石硫合剂0.5份、油脂少许， 配成石灰乳将树木涂白。结合冬季修剪，消灭越冬虫体，控制来年虫害发生；人工捕杀害虫的卵、幼虫、蛹、成虫；利用诱虫灯诱杀害虫；利用高温和射线防治病害。

(2) **生物防治**　主要是利用微生物之间的拮抗、交叉保护作用和双重寄生习性来防治植物病虫害。即利用害虫的天敌或病原微生物来控制或消灭害虫。简单说就是以菌治菌，以菌治虫、以病毒治虫、以天敌治虫、以鸟治虫，其优点是对环境无污染，对人畜无害，且对某些病虫害防治效果显著，是最值得倡导和研究的防治方法。常见的和已被利用的天敌有：郭公虫、赤眼蜂、肉食性瓢虫、管氏肿腿蜂、蜘蛛、小黄蜂、大斑啄木鸟、棕腹啄木鸟等，在日常生产和生活中应积极保护以上有益天敌。以菌治虫如用白僵菌防治松毛虫、木蠹蛾等。

(3) **化学防治**　即用药剂防治植物病虫害。如用杀菌剂杀菌消毒，用杀虫剂杀死害虫。其特点是适用范围广，快速、简便，尤其在大面积病虫发生时，施用化学药剂是唯一有效方法，但化学药剂对环境有污染。施用药剂时应注意以下几点：一要对症下药；二要掌握用药时机；三要交替用药；四要安全用药。

第二节 常见病害症状及防治方法

1. 常见病害症状

引起病害的原因较多，主要是真菌、细菌、病毒、植原体、线虫、藻类、螨类和寄生性种子植物等有害生物的侵染及不良环境的影响。病害可分为真菌病害、细菌病害、病毒病害、线虫病害和非侵染性病害。根据这些病害发生的症状，我们可以初步判断病害的发生和种类，从而及时采取防治措施。

（1）**斑点** 植物根、茎、叶、花、果实的局部组织病变或细胞坏死，产生各种形状、大小和颜色不同的斑点。为真菌、细菌、病毒病害引起，如炭疽病、褐斑病、红斑病、黑斑病等；日灼或农药刺激等因素也会形成斑点。

（2）**各种形状物** 由真菌病害引起。如粉霉状物，不同的病害产生的粉霉状物的颜色也不同，白色的为白粉病，黄色的或黄白色的为锈病，灰色的为灰霉病，青绿色的为青霉病，黑色的为煤污病等。丝状物：有些患病植株的根、茎部分会出现很多白色丝状物，这是病菌菌丝体，常见的有白纹羽病、白绢病、紫纹羽病等。点状物是病部产生许多小点，多为黑色，为真菌的子实体。核状物是病部产生的菌丝纠集而成的菌核。

（3）**流胶** 即树干出现流胶现象，原因有病菌侵袭、虫蛀、机械损伤造成伤口和营养失调节器等，常见的有桃树流胶病。在树木的枝干部分出现膏药状物的，为膏药病。

（4）**枯萎、死亡** 植物全株逐渐枯萎，死亡。为青枯病、白绢病、白纹羽病、苗木猝倒病、线虫病等根病害或全株性病害发生后造成的。

（5）**落叶** 植物不正常落叶的症状，主要是由病菌侵害或气候因素、养护管理不当等造成的。

（6）**萎蔫** 植物根部或茎部的维管束组织受到破坏，水分不能正常供应以致植株凋萎。因病原物的侵入造成的萎蔫是不能恢复的。而因暂时缺水引起的生理性萎蔫一般在有水分供应时即可恢复。

（7）**腐烂、溃疡** 植物局部组织出现溃烂、坏死以及木栓层增生的症状，腐烂有干腐和湿腐两种。多汁部位细胞被破坏解体，产生湿腐或软腐；含水少而坚硬的组织细胞解体，形成干腐。

(8) **畸形** 植物嫩芽、花芽和嫩叶出现膨大、变小、扭曲，组织增厚并影响其正常生长的症状。有病理性和生理性畸形病变，主是病菌侵害或养护管理不当造成的。

(9) **变色** 植物叶部失去正常的颜色。常见的变色表现为褪绿、变黄或花叶等。一是由于病原菌和病毒所致，如病毒病等；一是由于营养失调所致，如黄化病、变色病等。

2.常见病害防治方法

(1) **立枯病** 应采取以栽培技术为主的综合防治措施，培育壮苗，提高抗病性。土壤消毒选用多菌灵配成药土垫床和覆种。具体方法是每公顷用5kg10%多菌灵可湿性粉剂与细土混合，药与土的比例为1：200。多菌灵具有内吸作用，对丝核菌和镰刀菌的防效更为明显。也可用2%～3%的硫酸亚铁液浇灌土壤。种子消毒，用0.5%的高锰酸钾溶液浸泡种子2小时。幼苗出土后，可喷洒多菌灵50%可湿性粉剂500～1000倍液，每隔10～15天喷洒一次。

(2) **锈病** 清除病枝、病芽、病叶，烧毁或深埋土中。休眠期喷3波美度的石硫合剂，以消灭侵染来源。通过改良土壤条件，改善排水条件，促进植物生长，提高抗病性。选用健壮无病虫枝条作插条、接穗等无性繁殖材料，控制种植密度，及时排除积水，在用肥上多施磷、钾、镁肥，控制氮肥，防止徒长。定期修剪整枝，去除病虫弱枝，使通风透光良好。在清除病枝后及时喷药预防，可喷2～5波美度石硫合剂或五氯酚钠200～300倍液。防治转主寄生植物上的锈病，应在3月上中旬喷药1～2次，以杀死越冬菌源孢子。在植物生长季节，当新叶展开后，可选用25%粉锈宁1500～2000倍液，50%代森锰锌500倍液或25%甲霜铜可湿性粉剂800倍液喷雾，每隔7～10天一次，连续防治2～3次。

(3) **黑斑病** 可用85%百菌清可湿性粉剂1000～1500倍液或用甲基托布津和多果定喷粉处理干燥种子。合理密植、及时间伐，保持林内通风透光。及时清扫林内落叶，以减少病源。发病期间，用200倍波尔多液或85%代森锰锌250倍液喷洒，并应随时清扫处理病叶、落叶，消灭病原菌，也可在6月上旬喷40%多菌灵800倍液，或25%百菌清600～800倍液，或0.3%尿素及磷酸二氢钾混合液防治。

(4) **白粉病** 可喷洒50%甲基硫菌灵与50%福美双（1:1）混合药剂600～700倍液进行土壤杀菌。未发病前要及时喷施药物进行预防。在早春植株萌动前，喷一次多菌灵可湿性粉剂600倍液，可杀死越冬病菌。植株展叶后，每隔半月喷施一次多菌灵可湿性粉剂1000倍液，连续3～4次，发病后要及时采取药物防治措施。在白粉病初发时可喷50%苯来特可湿性粉剂1000倍液、15%的三唑酮（粉锈宁）可湿性粉剂1000倍液，每隔7～10天喷一次，喷药时先叶后枝干，连喷3～4次，也可使用国外防治白粉病的有效药剂，如嗪胺灵、敌菌灵等。病情蔓延后，可喷40%三唑酮多菌灵可湿性粉剂1500倍液，或25%粉锈宁可湿性粉剂1500倍液，连喷2～3次，每隔10～15天喷1次。上述药物交替使用，防治效果较显著。

(5) **炭疽病** 冬季或发病初期剪除病叶、枯枝败叶并及时烧毁，保持通风通光，加强肥水管理，施足腐熟有机肥，增施磷、钾肥，提高植物的抗病性。发病前，喷施保护性药剂，如80%代森锰锌可湿性粉剂700～800倍液或1%半量式波尔多液，或75%百菌清500倍液进行防治。发病期间及时喷洒75%甲基托布津可湿性粉剂1000倍液，75%百菌清可湿性粉剂600倍液，或25%炭特灵可湿性粉剂500倍液，25%苯菌灵乳油900倍液，或50%退菌特800～1000倍液，或50%炭福美可湿性粉剂500倍液。隔7～10天一次，连续3～4次。

(6) **煤污病** 加强栽培管理，及时修剪病枝和多余枝条，增强通风透光性。夏季高温时

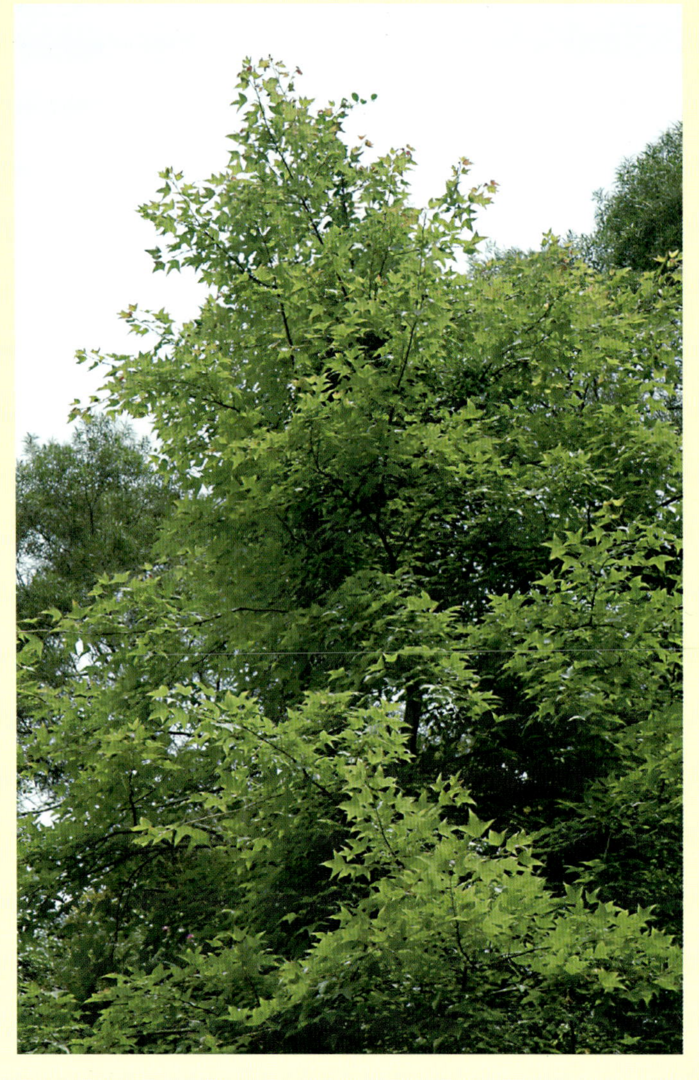

降低温度，及时排水，防止湿气滞留。煤污病防治应以治虫为主，防治介壳虫、蚜虫、蝽象、木虱等刺吸式害虫。发病时，喷70%甲基托布津1000倍液，或50%多菌灵1000倍液等进行防治。植物休眠期喷3～5波美度的石硫合剂，消灭越冬病源。对于寄生菌引起的煤污病，可喷施80%代森锰锌可湿性粉剂500～800倍液。

（7）**褐斑病** 冬季认真修剪，摘除病叶和剪稍，病、枯枝落叶集中烧毁。发病初期用50%多菌灵1500倍液或75%甲基托布津1500倍液喷叶。冬季用石灰浆涂干防治，用4～5波美度的石硫合剂或波尔多液0.6%～0.9%喷叶。

（8）**线虫病** 加强检疫，杜绝引入病毒。清杂，灌溉清洁水，做好种苗和土壤的消毒工作。种苗消毒用3%呋喃丹颗粒剂30倍液浸根30分钟。土壤消毒用40%甲醛200倍液或80%二溴氯丙烷喷洒。

（9）**病毒病** 及时清除杂草和病虫孳生地，要选用抗寒、抗逆性强、抗病虫的优良品种，及时防治蚜虫、红蜘蛛、白粉虱等害虫；繁殖苗木时，要严格采用无毒的种植材料，加强栽培管理，提高植物抗病能力，发现病株立即拔除、烧毁，防止侵染其他植株，对病区可采用四环素、土霉素等抗菌素防治，有抑制效果，发现寄生植物槲寄生、桑寄生、菟丝子等可喷洒1.5%五氯酚钠或扑草净或地乐安等进行灭杀。

（10）**溃疡病** 加强检疫，发现病株应立即烧毁。苗木和接穗，可用克菌特800倍液或用700单位／毫升农用链霉素加 1 %酒精浸30～60分钟或用 3 %的硫酸亚铁浸10分钟进行消毒。增施磷、钾肥，提高植物抗病力。在冬季和早春时节两次结合清园和修剪，剪除病虫枝、残枝、弱枝，清园集中烧毁，防治潜叶蛾危害和溃疡病病菌侵入。在新梢开始萌发到新梢老熟，用600单位／毫升的农用链霉素加1%酒精或77%可杀得可湿性粉剂300倍液或氧氯化铜胶悬剂400倍克菌特700倍液等，连喷3次以上，以后每星期喷一次。

第三节 常见虫害症状及防治方法

1. 常见虫害症状

植物的害虫种类繁多，这些害虫危害植物后，往往会留下明显的症状，可以根据症状来大致判断害虫的种类，从而采取针对性的有效防治措施。常见的有：

（1）**叶片缺刻和穿孔** 此症状多为咀嚼式口器的害虫所为。造成缺刻或将整片叶吃光的是蚕食方式的害虫，如刺蛾、天蛾、尺蛾等大多数鳞翅目害虫的幼虫和叶蜂类，造成穿孔症状的是啮食方式的害虫，如蓑蛾类、叶甲类、蝗虫类、蜗牛等。低龄幼虫只啃食叶肉，使叶片仅留下叶脉和表皮。

（2）**虫粪和排泄物** 害虫取食后必然会排出粪便或排泄物，不同害虫的排泄物是不同的，如食叶害虫蛾类、蝶类等鳞翅目害虫的粪便是粒状的，而且可根据粪粒的大小，判别虫体的大小，叶甲、蜗牛的粪便是条状的，蛀干害虫天牛的粪便是木粉或木丝状的，木蠹蛾的粪便是堆粒状的，蝙蝠蛾的粪便呈粪包状，白蚁的排泄物可筑成条状或片状的泥被。刺吸性害虫的排泄物根据种类的不同而异，蚧虫、蚜虫、粉虱、木虱等能排出大量无色透明的排泄物，而网蝽、蓟马等在叶背排出褐色块状的排泄物。

（3）**斑点** 为刺吸性害虫所为，害虫抽吸树液后，破坏了植物的营养生理，使寄主植物的叶片上出现斑点。不同种类的刺吸性害虫能形成不同的斑点，如蚧虫危害后，由于其长期定位吸汁，会产生黄色或红色的斑块；叶螨危害后，叶片上会出现成片的红褐色或黄白色的点状斑；叶蝉危害后，叶面上会出现黄白色不规则小斑。

（4）**卷叶和织叶** 有些害虫危害花卉叶部后，使叶片纵卷，或将叶片包卷成各种性状，有吐丝织叶习性的害虫，危害后常由丝状物将数片叶粘连在一起。常见的织叶危害的害虫有樟丛螟（又名栗叶瘤丛螟）和枫香丛螟。这类害虫常几条或几十条群集危害，并能吐丝织叶，在外观上可见嫩枝和叶片结织成虫巢的现象。

（5）**虫瘿和伪虫** 有些刺吸性害虫危害后，可刺激植物组织产生虫瘿或伪虫瘿。有囊状、球状虫瘿、不规则状虫瘿和管状的伪虫瘿。

（6）**潜痕** 有些害虫有潜入叶肉食害的习性，会使叶片上出现不同形状的潜痕。如潜叶蛾、潜叶蝇、潜叶甲类害虫。

（7）**落叶、枯梢、枯死** 有些害虫危害后会切断植物梢部营养输导功能，造成枯梢。有的害虫将植物茎干蛀空，造成水分运输中断，树体长势衰弱，严重时造成被害枝干或全株枯死，如天牛、白蚁、蝙蝠蛾、松干蚧等。

（8）**伴生病害** 蚜虫、蚧虫、木虱等刺吸性害虫的排泄物含较高糖分能诱发烟煤病，另外，由于某些盾蚧的危害可诱发膏药病，瘿螨类危害能诱发毛毡病等。

2. 常见虫害防治方法

（1）**食叶害虫** 有叶甲类、蛾类、蝶类、叶蜂类，如刺蛾、毒蛾、夜蛾、舟蛾、卷叶蛾、枯叶蛾、尺蛾、天蛾、凤蝶、粉蝶等幼虫、金龟子、金花虫、叶蜂等。这类害虫用咀嚼式口器取食，造成缺刻，咬食花蕾使之残缺不全，或啃食叶肉仅留叶脉，甚至把叶吃光，有的卷叶危害等。

防治方法：①加强林地管理，如封山育林、营造混交林、抚育间伐等营林措施改善林分条件，清除林下木与杂草，破坏幼虫隐蔽场所。②进行人工捕杀，摘除虫袋、蛹、虫苞、虫叶、卵块集中烧毁。对一些以幼虫或蛹在土中越冬的种类，越冬期间进行土壤翻耕、松土，杀灭越冬幼虫和蛹。对趋光性强的、或有性诱剂的、或对特殊物有趋性的均可根据实际情况诱杀。③保护和利用天敌食虫鸟类及寄生性天敌如益蝽、蠋蝽、猎蝽、大腿蜂、蜘蛛、胡蜂、螳螂、瓢虫等。④幼虫期时施放白僵菌、苏云金杆菌孢子进行生物防治，效果不错。也可用90%晶体敌百虫，或80%敌敌畏乳油800～1000倍液，或15%8817乳油或30%双神乳油2000～2500倍液，或2.5%溴氰菊酯乳油（敌杀死），或10%氯氰菊酯（安绿宝）乳油，或5%高效灭百可乳油2000～2500倍液和其他菊酯类杀虫剂毒杀幼虫和成虫。

（2）**刺吸害虫** 主要有介壳虫、蚜虫、红蜘蛛、粉虱、蓟马、叶蝉、蝽象、叶螨等，这类害虫用针状刺吸式口器刺入植物组织内，吸取汁液，常使植物卷叶或叶片上出现斑点、枯黄、或因组织受刺激，使细胞增生形成虫瘿等症状。

防治方法：①加强林地管理，如封山育林、营造混交林、抚育间伐等营林措施改善林分条件，清除林下木与杂草、破坏幼虫隐蔽场所。在枝干上喷刷涂白剂或防哨剂。剪除带虫枝条或用工具刷去虫体。蚜虫虫瘿开裂前，剪掉虫瘿并烧毁，对草履蚧可在秋冬季节挖除树干周围土中的卵囊，集中销毁。②在成虫发生期，利用黑光灯、高压汞灯等诱杀。③保护和利用天敌，以虫治虫，如大红瓢虫、黑缘红瓢虫、七星瓢虫、异色瓢虫、食蚜蝇等。叶螨的天敌种类较多，常见的有中华草蛉、大草蛉、深点食螨瓢虫、塔六点蓟马、小花蝽、捕食螨等。④在初孵若虫发生盛期，选择内吸剂和触杀剂农药，如扑虱蚜可湿性粉剂（吡虫啉）30%硝虫硫磷乳油等喷洒树冠1～3次。

（3）**蛀干害虫** 主要有天牛、木蠹蛾、透翅蛾、螟蛾、小蠹类、卷蛾类、吉丁虫、茎蜂等。这类害虫的危害特点是，钻蛀植物枝梢及茎干内取食，直接影响主干和主梢的生长，易遭风折。

防治方法：①检疫严格执行检疫制度，检验是否有产卵痕、侵入孔、羽化孔、虫瘿、虫道和粪屑等。②加强营林管理，在造林、建园、绿化设计时，避免人工纯林和同类寄主树种栽植在一起，选用抗性树种或品系。及时伐除虫害木、枯立木、濒死木、被压木、衰弱木、风折及风倒木、虫害枯枝等，并及时消灭干净。③保护、利用天敌，如啄木鸟、管氏肿腿蜂、猎蝽、啮小蜂等。利用白僵菌和绿僵菌防治幼虫。④人工捕杀，对有假死性的害虫可震落捕杀，锤击产卵刻槽或刮除虫疤可杀死虫卵和小幼虫，结合冬季管理剪除带虫瘿的苗

木、枝条，消灭其中的幼虫，以降低越冬虫口。⑤在成虫产卵期，经常检查树干，如发现有唾沫状胶液，立即挑出其中卵粒捏碎。幼虫蛀入树干后，凡蛀孔外有新鲜粪便的，里面必有活的幼虫，利用细钢丝或竹签捅进蛀孔将虫刺死，刺不着者，施药塞洞或注射80%敌敌畏乳油或50%杀螟松乳油，或用磷化铝毒签，或向洞内塞入56%磷化铝片剂0.1克，其余洞用泥土封闭；用80%敌敌畏乳油或50%杀螟松乳油加水或柴油1:5涂受害处树皮。⑥成虫盛发期，用2.5%溴氰菊酯乳油750mL兑水1500kg、50%杀螟松乳油1000mL兑水1500kg、80%敌敌畏乳油1000mL兑水1500kg，或绿色威雷微胶囊剂750mL兑水1500kg喷药于主干基部表面致湿润，5～7天再治一次。⑦将樟脑精块切成大豆大小的碎块，找出果木蛀干害虫幼虫亲嚼过的木渣或新排出粪便的孔掏净粪便或木渣，往孔内塞3～5粒樟脑精碎块，然后用黄泥封口，杀虫效果可达85%以上。7～10天检查1次，若有新的粪便和木渣排出，按上述方法再进行1次。⑧黑光灯和人工合成的性信息素、糖醋液诱杀成虫。

（4）**地下害虫**　常见的有地老虎、蛴螬、金针虫、蝼蛄等，这类害虫在土中危害花木的根部及基茎。

防治方法：①清除杂草，并施用充分腐熟的有机肥，可减少蝼蛄，金龟子产卵。②毒杀，用煮半熟的谷子，晾后拌上50%辛硫磷乳剂制成毒谷，每公顷用量15～30kg，随同种子播下，可防治蝼蛄、蛴螬、金针虫等。取90%敌百虫10g伴入10kg煮至半熟或炒香的饵料（如麦麸、饼肥等）中作毒饵，在傍晚撒入花木根部附近，可诱杀蝼蛄、地老虎。③在成虫羽化盛期用黑光灯或其他引诱物诱杀，如用糖醋毒液毒杀地老虎成虫。保护天敌，招引食虫鸟以控制虫害。

（5）**白蚁的防治方法**　在糖、甘蔗渣、蕨类植物、桉树皮或松花粉等中加入0.5%～1%的灭幼脲3号、卡死克或抑太保，制成毒饵，投放于白蚁活动的主路、取食蚁路、泥被泥线及分飞孔附近，发现蚁巢后用50%辛硫磷乳油 150～200倍液，每巢用 20kg药液灌巢。

第四章　树种规划与推广

1．低山、丘陵上部树种规划

惠安低山、丘陵上部，立地条件多为Ⅳ类，少数为Ⅲ类，造林树种以马尾松等先锋树种为宜，立地条件较好的，以马尾松和相思混交林为主，以松科、壳斗科、杨梅科、豆科、桃金娘科、漆树科、杉科、大戟科、芸香科、桑科、樟科、五加科的部分树种为辅、依托残存的次生林，灌、草植物，采用封山育林或人工促进的营林措施以达到形成稳定林分的目的。

2．低山、丘陵下部树种规划

立地条件好，多数为II类地，是惠安创造高效率生态林的主阵地，应以南亚热带雨林为建设目标，造林树种以阔叶树为主，如朴树、枫香、冬青、杉木、女贞、鹅掌柴、樟科、桑科、豆科、松科、桃金娘科、楝科、壳斗科、木兰科、大戟科、芸香科的树种均可。要努力营建复层林分，可利用乔、灌、草，针叶、阔叶树种，深根和浅根植物，耐荫和喜光树种，速生和慢生树种，改善土壤肥力强弱不等的树种组合形成不同林分结构，形成多树种、多层次、异龄化的林分结构。合理的造林密度能使整个林分在生长过程中形成合理的群体结构，保证各个体充分生长发育，最大限度地利用空间。林分的密度和配置要有利于迅速郁闭、易于乔灌草复层结构的形成。密度的配置由林种特点、树种特性、经营技术、立地条件决定。结构应是复层异龄混交林，合理林分模式结构为：①第1层为喜光树种（阔叶树郁闭度0.6～0.7）；②第2层为耐荫树种（针阔混交郁闭度0.5～0.6）；③第3层为灌木（阔叶灌木郁闭度0.4）；④第4层为草本（覆盖度0.6以上，阴湿性草类）；⑤第5层为死地被物（枯枝落叶层）。

3．低山、丘陵中部与台地树种规划

多为III类地，由于长期水土流失，表土层几近丧失，保水能力差，通过多年的治理后，现已有所好转，可以依托残存的次生林、灌、草等植物，采用人工促进的方式封山育林以达到形成稳定林分的目的。努力营建多树种、多层次、异龄化的林分结构，培植以松科、豆科、桉属、杉木、鹅掌柴、榕树为主的树种，逐步向多树种、多林龄、多层次的亚热带雨林过渡。

4．平原绿化与四旁树种规划

（1）**沿海基干林带的建设**　惠安县的海岸分沙岸、泥岸、岩岸3个类型，沙岸居多，约占50%，岩岸占30%，泥岸占20%，基干林带建设应根据海岸类型分别进行建设，在林地条件允许的情况下，沙荒风口地带，林带要加厚到500m以上，造林时应采取有效的工程防御措施，降低风速，减轻风沙危害，提高造林成活率，前沿150m必须选用抗风木麻黄树种如惠安1号木麻黄等，木麻黄具备根系伸展广、根蘖性强、抗风、耐旱、耐贫瘠、耐地表高温、耐沙埋、繁殖容易和固沙、改良土壤能力强的特点，适应沙荒的立地条件，内侧可以选用湿地松、相思、

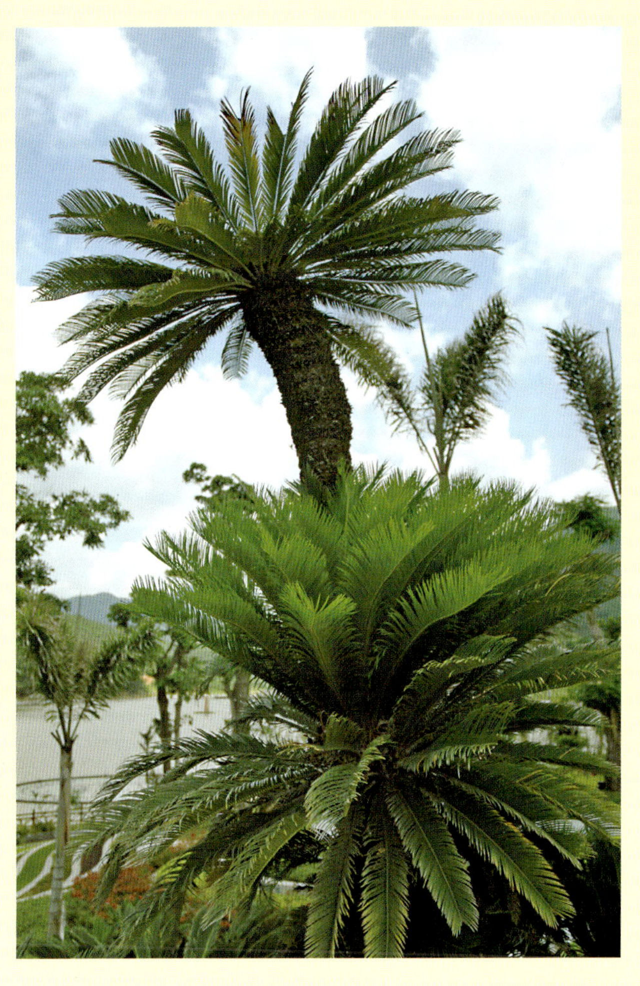

榕树、桑树、桉树、樟树、楝树、黄槿、银合欢、棕榈科树种等，甚至还可以种植柑橘、龙眼等一些经济树种。泥岸地带，前沿滩涂能种植红树林的，应尽可能地种植红树林，自最高潮位以上还要种植陆地防护林，林带厚度要达到200m以上，前沿50m应以木麻黄为主，后侧可以选用其他适生树种。岩岸地带，要以临海一面坡作为基干林带，造林树种可选用木麻黄、台湾相思、黑松等，因受立地条件的约束，采用见缝插针的方法较好，同时要适当密植，以提高成效。

（2）**湿地红树林的建设**　在洛阳江、辋川湾等适宜种植红树林的海湾、河口湿地，选择风浪较平静的潮间带淤泥滩地作为造林地，在平坦的淤泥海滩，可大面积造林，但要扣除航道、人行道、排水沟、沙滩以及潮水涨不到的地带，在江河下游两岸退潮露出河床的地段亦可实行带状造林。树种可以选择显胎生红树植物如秋茄、红海榄、木榄等，隐胎生红树植物如桐花树、白骨壤、老鼠簕等，株行距一般为1m×1m，在没有天然红树林分布的滩涂，要加大造林密度，以提高造林成活率。非自然保护区的滩涂可以试验引种无瓣海桑。显胎生植物在胚轴成熟期直接采集胚轴进行插植；隐胎生植物要先采集胚胎（果实），育苗后进行移植，以提高成功率。

（3）**农田防护林网的建设**　惠安人多地少，农田防护林建设的最大难度是难以协调解决林网造林征占用农田以及林带影响两侧农作物生长造成的减产问题，因此要尽可能利用田头、垄岸作为造林地，主林带厚度3～5m，每200～250m设置1条，副林带厚度2～3m，每300～500m设置1条，条件允许的可适当加密。树种应选择抗风力强、不易风倒、风折及风干枯梢的、生长迅速、树干通直高大、直根系、窄冠型树冠、寿命相对较长、生长稳定的常绿树种，在滩涂或围垦地区还要选择有较强的抗盐碱能力的树种。根据多年的经验，适合惠安营造农田林网的主要树种是长枝木麻黄，其次是桉树等，但群众对此类树种兴趣不大，以前用群众喜爱的龙眼、杧果作为农田防护林带，但树冠大，占地大，且随着水果价格的下跌，栽种热情大不如前。如果以防风功能稍弱，又兼顾经济性的树种替代，也许能起到事半功倍的效果。根据以上原则，建设主林带以木麻黄为主，次林带可选用以上较抗风兼经济性的树种，如白千层、桑、橄榄、桃花心木、印度紫檀、厚荚相思、马占相思等。

（4）**护岸、护路林带的建设** 护岸林以溪、渠两岸外侧的荒地作为造林地，以丛生竹、香樟、垂柳、相思、水杉、水翁、榕树、秋枫、楝树、桉树、乌桕等为主要造林树种，建议营造混交林和复层林，提高森林综合效益。在部分地段，由于河岸多为石块组成，路面窄，可适当栽植垂柳或巨尾桉。若林带附近有大片农田，护岸林还可以兼作农田防护林。

行道树主要树种可选择樟树、阴香、大叶紫薇、木棉、麻楝、香椿、川楝、苦楝、秋枫、黄槿、桉树、榕树、木麻黄、相思树、糖胶树、杧果、乌桕、腊肠树、羊蹄甲、洋紫荆、艳紫荆、刺桐、印度紫檀、黄槐、凤凰木、火焰木、倒吊笔、人心果、小叶榄仁、喜树、无患子、蓝花楹、白兰、黄兰、枫香、龙眼、荔枝、银桦、南洋杉、木波罗、火力楠、侧柏、圆柏、龙柏、假槟榔、蒲葵等。

（5）**非规划林地的建设** 非规划林地林木是指农村居民在自留地和房前屋后种植的个人所有的零星林木，包括村旁、河溪旁、路旁、沟渠旁、田旁和基本农田外的抛荒地、旱地、坡耕地等种植的林木。在新农村建设中，要改善人居环境，充分利用闲杂地种植一些美观、名贵、实用的树种，是十分必要的。适宜的树种有：香樟、白兰、黄兰、白玉兰、紫玉兰、大花紫薇、小叶紫薇、黄槐、朴树、榆树、木波罗、桑树、柘树、无花果、各种榕树、含笑、火力楠、潺槁木姜子、凤凰木、刺桐、鸡冠刺桐、洋紫荆、羊蹄甲、柚、柑橘、橙、麻楝、川楝、香椿、桃花心木、黄连木、鸡蛋花、洋蒲桃、桃、日本晚樱、李、沙梨、木瓜、番石榴、石榴、人心果、杧果、龙眼、荔枝、无患子、枣、黄槿、木棉、枫香、泡桐、桂花、茶花、柳树、女贞、糖胶树、倒吊笔、喜树、马褂木、破布木、柚木、蓝花楹、红花楹、罗汉松、南洋杉、油杉、柳杉、水杉、各种桉树、竹子和棕榈科植物。

第二部分
惠安常见树木鉴赏

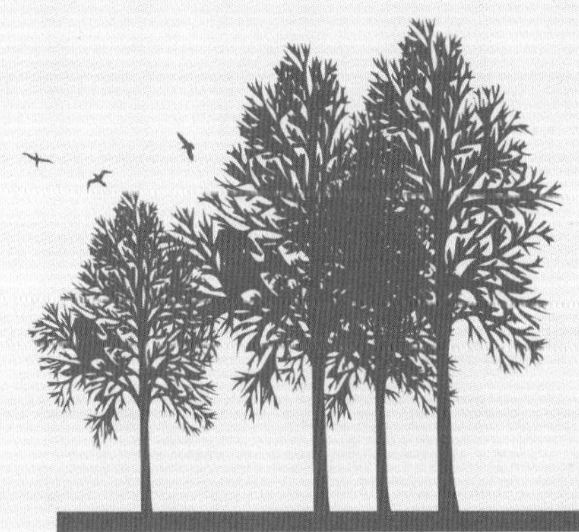

苏铁科	南洋杉科	松科	杉科	柏科	罗汉松科
木麻黄科	杨柳科	杨梅科	壳斗科	榆科	桑科
山龙眼科	木兰科	樟科	金缕梅科	蔷薇科	豆科
酢浆草科	芸香科	楝科	大戟科	漆树科	野漆树
冬青科	无患子科	鼠李科	锦葵科	木棉科	山茶科
番木瓜科	千屈菜科	安石榴科	红树科	蓝果树科	使君子科
桃金娘科	五加科	紫金牛科	山榄科	柿树科	木犀科
夹竹桃科	紫草科	马鞭草科	玄参科	紫葳科	爵床科
茜草科	禾本科	棕榈科			

1 苏 铁

学　　名： *Cycas revolute* Thunb.

别　　名： 铁树、凤尾蕉、避火树

科　　属： 苏铁科苏铁属

产地分布： 分布于福建、广东，现全国各地均有栽培。日本、印度尼西亚也有。

形态特征： 常绿灌木，树干粗壮，稀分枝。一回羽状复叶，小叶线形，先端刺尖，基部两侧不对称，幼时叶缘反卷，叶背有绒毛。雌雄异株，雄花序圆柱形，长30～70cm，顶部渐尖，小孢子叶窄楔形，被黄褐色长绒毛，雌花序为圆球形，大孢子叶宽卵形，长达22cm，先端羽状分裂，密生黄褐色绒毛，胚珠2～6个，生于大孢子叶柄两侧。种子椭圆形至扁椭圆形，成熟时橘红色或红褐色，没有横向细纹，顶凹，密生灰黄色短绒毛，但会逐渐脱落。

生长习性： 喜光，喜温暖、干燥及通风良好的环境。土壤以肥沃、疏松、微酸性的沙质土壤为佳。

用　　途： 园林常用树种。叶子还可做切花。茎内淀粉及种子可食，叶、花、果均可入药，有收敛止咳、止血之功效。

繁殖栽培： 有播种、分蘖、切干3种。以分蘖芽培育最为常见，当蘖芽有鸡蛋大时，在早春3～4月用利刀切离母株，切割时尽量少伤茎皮，并剪去叶片，置荫凉处放7天左右，待伤口流液稍干后，再移栽到培养土中，后浇一次透水，放半荫处，保持27～30℃，45天即生根，同时长出叶片。

常见病虫害： 斑点病、叶枯病、炭疽病、流胶病、煤烟病；介壳虫、灰蝶、白蚁、蟾象等。

2 南洋杉

学　　名：*Araucaria cunninghamii* Sweet

别　　名：尖叶南洋杉、鳞叶南洋杉、肯氏南洋杉

科　　属：南洋杉科南洋杉属

产地分布：原产于大洋洲东南诺福克群岛，我国广东、海南、广西、福建等地均有栽培。

形态特征：常绿乔木，雌雄异株。幼树树冠尖塔形，老时则成平顶，树皮灰褐色或暗灰色，粗糙、横裂。主枝轮生，侧枝亦平展或稍下垂，近羽状排列。叶二型：幼树和侧枝上的叶为钻形、针形或三角形，微具四棱，长7～20cm，排列较疏松、开展，大树和果枝上的叶排列紧密，卵形或三角状卵形，上下扁，微向上弯曲，长6～10cm，排列紧密。球果卵形或椭圆形，苞鳞刺状且尖头向后强烈弯曲；种子两侧有翅。

生长习性：喜光，喜暖热气候，不耐干旱及严寒，喜肥，生长快。

用　　途：观赏性高，适作纪念树、观赏树和行道树，也可作盆栽。

繁殖栽培：①播种繁殖，土壤必须严格消毒。种皮坚实，发芽率低，播种前先破伤种皮或沙床催芽，防止种子留在土内太久而腐烂。保持一定的温湿度，一般播后30天即可发芽。②扦插繁殖，应选择主轴或徒长枝条作插穗，避免应用侧枝、弱枝作插穗。6～8cm长，插入插床后，用薄膜覆盖，保持75%以上的相对湿度，15～25℃下3～4个月生根，翌年春夏间即可移栽。

常见病虫害：叶斑病、针叶棕化、针叶枯病、叶和茎凋萎、根腐病和小枝顶枯；介壳虫等。

3 油杉

学　　名：*Keteleeria fortunei*(Murr.)Carr.

别　　名：松梧

科　　属：松科油杉属

产地分布：产我国浙江、福建、广东、广西等地。

形态特征：常绿乔木，高达30m，胸径达1m以上；树皮黄褐色或暗灰褐色，纵裂或块状脱落。小枝淡红褐色。叶线形，两列丛生在侧枝上，长1.2～3cm，宽2～4mm，先端幼时锐尖，后圆钝，基部渐狭，中脉两面隆起，有2条微被白粉的气孔带，具短柄。雌雄同株，雄球花簇生枝顶或叶腋，雌球花单生侧枝顶端。球果圆柱形，直立，成熟时淡褐色或淡栗色，长10～18cm，直径5～6.5cm，中部的种鳞宽圆形，长2.5～3.2cm，宽2.7～3.3cm，顶端近平截或微凹，边缘内曲，鳞背露出部分无毛；种子有膜质阔翅，种翅中上部较宽，与种鳞近等长。花期3～4月，果熟10月。

生长习性：喜光，喜暖湿气候，在酸性红壤或黄壤中生长良好，耐干旱瘠薄。

用　　途：树型高大挺拔，美观，为优良的高山风景林和造林树种。材质坚硬、细致、美观、耐磨，抗虫。

繁殖栽培：播种繁殖。当球果由浅绿色转变为栗褐色时，可采收种子，种子用湿沙层积贮藏至翌年2月春播，20多天即发芽出土。油杉苗期喜光，但在7、8月间需短期遮荫。幼苗生长缓慢，经移植培育三四年可供造林用。油杉萌芽力极强，亦可用萌芽更新恢复成林。病害虫较少。

4 湿地松

学　　名：*Pinus elliottii* Engelm.

别　　名：美国松

科　　属：松科松属

产地分布：湿地松原产美国东南部，我国各地均有分布。

形态特征：常绿乔木，树干通直。树皮灰褐色，纵裂呈鳞状块片剥落。冬芽圆柱状，红褐色，粗壮，无树脂。针叶2针或3针一束，长18～30cm，深绿色，腹背两面均有气孔线，边缘有细锯齿。3～4月开花。翌年10～11月果熟，球果长圆锥形，2～3个聚生。种子卵圆，具三棱。

生长习性：喜光树种，极不耐荫，抗风力较强。较耐旱，耐瘠，在干旱贫瘠的低丘陵地也能旺盛地生长，但在排水良好的沙地或者积水地则生长较差。根系有菌根。

用　　途：适应性强，早期生长快，木材质量好，松脂产量高。木材广泛用于建筑、枕木、坑木以及胶合板、纤维板和造纸等方面。

繁殖栽培：用种子繁殖，用50～60℃温水浸种，加入少许高锰酸钾或福尔马林，24～36小时后取出种子用清水洗净，去除瘪种，晾干后即可播种。早春苗木未抽梢前造林成活率高。

常见病虫害：松苗猝倒病、立枯病、褐斑病；松梢螟、松梢小卷蛾、日本落叶松蜂和蝼蛄、地老虎、大蟋蟀等。

5 马尾松

学　　名： *Pinus massoniana* Lamb.

科　　属： 松科松属

产地分布： 分布极广，华中、华南各地均有分布。

形态特征： 常绿乔木，树皮红褐色，下部灰褐色，深裂成不规则鳞状厚块片脱落，1年生枝淡黄褐色，无毛，无白粉，冬芽褐色。针叶2针1束，较细柔，长12～20cm，树脂道4～8个，边生，叶鞘宿存。1年生小球果顶端有极短直立向上的刺，球果卵圆形或圆锥状卵形，长4～7mm，成熟后栗褐色，鳞盾平或微厚，微有横脊，鳞脐微凹，无刺尖。种子长卵圆形，长4～6mm，种翅长1.6～2cm。子叶5～8。花期3～4月，球果翌年9～10月成熟。

生长习性： 马尾松是极喜光树种，不耐庇荫，耐瘠薄，但不耐盐碱土，砂砾和干燥山地也能生长，适于高燥的红土和黏质土壤，为重要的荒山造林树种。

用　　途： 树干可割取松脂，提炼松香和松节油，供工业和医药用；种子含油约30%，可食用；木材供建筑、枕木、坑木、板料、家具等用，也可用来培养食用菌和药材。

繁殖栽培： 用种子繁殖，注意选优育种，早春苗木未抽梢前造林成活率高。幼苗移植要蘸泥浆，大苗移植要打土球。

常见病虫害： 褐斑病、线虫病；松毛虫、松突圆蚧、松梢螟等。

6 黑松

学　　名：*Pinus thunbergii* Parl.

别　　名：日本黑松

科　　属：松科松属

产地分布：原产日本及朝鲜半岛东部沿海地区。我国山东、江苏、安徽、浙江、福建等沿海各省普遍栽培。

形态特征：常绿乔木，树皮灰黑色。2个针叶丛生，粗硬，新芽白色，各针叶长约6～15cm，断面半圆形，叶肉中有3个树脂管，叶鞘由20多个鳞片形成，长约1.2cm。花单性，雌花生于新芽的顶端，呈紫色，多数种鳞重叠而排成球形，每个种基部，裸生2个胚球，雄花生于新芽的基部，呈黄色，成熟时，多数花粉随风飘扬。球果卵球形，成熟时鳞片裂开而种子散出，种子有薄翅。花期4月，果翌年秋天成熟。

生长习性：喜光，耐干旱、瘠薄，不耐水涝，不耐寒。适生于温暖湿润的海洋性气候区域，最宜在土层深厚、土质疏松，且含有腐殖质的沙质土壤处生长。因其耐海雾、抗海风，也可在海滩盐土地方生长。

用　　途：观赏及防风树种。因枝干苍劲，常作为盆景与庭园景观植物，亦可作为防风林及海岸林的造林树种。

繁殖栽培：播种繁殖，早春苗木未抽梢前造林成活率高。

常见病虫害：叶锈病、落叶病、曲枝病和松瘤病；蚜虫、介壳虫、红蜘蛛和松梢螟等。

7 柳杉

学　　名：*Cryptomeria japonica*(Thunb.ex.L.f.)D.Don var. *sinensis* Miq.

科　　属：杉科柳杉属

产地分布：福建、广东、广西、河南和长江中下游地区。

形态特征：常绿乔木，干皮红棕色长条状脱落，叶钻形，螺旋状成5列覆盖于小枝上，叶先端尖，四面具白色气孔线，叶尖略向内弯。雌雄同株，花单性，雄花单生于小枝叶腋成短穗状花序，雌花球形，单生枝顶。球果小球形，径1.2～2.0cm，有种鳞20片，鳞片先端具3～6齿，鳞背中部可见苞鳞尖头，种子褐色，三角状长圆形，稍扁，具窄翅。花期4月，果熟10月。

生长习性：中等喜光树种，能耐荫，喜温暖、湿润的气候，不耐严寒、干旱和积水。根系较浅，抗风力差。喜酸性、肥厚和排水良好的沙质壤土。对二氧化硫、氯气、氟化氢等有较好的抗性。

用　　途：材质轻软，纹理直，结构细，加工略差于杉木，可供建筑、桥梁、造船、造纸等用；枝叶和木材加工时的废料，可蒸馏芳香油；树皮入药，治癣疮，也可提制栲胶；并作绿化观赏树种。

繁殖栽培：用种子繁殖，注意选育。播种时用温水浸种，再用0.5%的西力生拌种消毒。移植时带好土球。也可扦插育苗。

常见病虫害：赤枯病；柳杉长卷蛾、柳杉毛虫等。

8 杉木

学　　名： *Cunninghamia lanceolata* (Lamb.)Hook.

别　　名： 刺杉

科　　属： 杉科杉木属

产地分布： 长江中下游至华南，分布于秦岭以南，海拔2000m以下山坡和丘陵常见树种。

形态特征： 常绿乔木，高达30m，胸径2.5～3.0m。树冠幼年期为尖塔形，大树为广圆锥形，树皮褐色，裂成长条片状脱落。叶披针形或条状披针形，常略弯而呈镰状，革质，坚硬，深绿而有光泽，长2～6cm，宽3～5mm，在相当粗的主枝、主干上亦常有反卷状枯叶宿存不落。球果卵圆至圆球形，长2.5～5cm，径2～4cm，熟时苞鳞革质，棕黄色；种子长卵或长圆形，扁平，长6～8mm，暗褐色，两侧有狭翅，每果内约含种子200粒，子叶2。花期4月，果10月下旬成熟。

生长习性： 中性，喜温湿气候及酸性土，速生。

用　　途： 为我国重要的用材树种。材质轻软、细致、纹理直，易加工，供建筑、桥梁、造船、电焊、坑木等用，并可作造纸、纺织等原料；树皮及根、叶入药，能祛风燥湿、收敛止血；种子含油约20%，供制肥皂。

繁殖栽培： 主要用种子繁殖，亦可无性繁殖。11月上旬种球由青绿色转为黄褐色时即可采收。2月份进行播种育苗，翌春苗高达40cm以上，地径0.5cm左右，可出圃造林。选择土层深厚，质地疏松，肥沃湿润的阳坡或半阳城中下部作造林地。

常见病虫害： 杉木炭疽病、杉木细菌性叶枯病；小蠹等。

9 水杉

学　　名： *Metasequoia glyptostroboides* Hu et Cheng

科　　属： 杉科水杉属

产地分布： 原产四川石柱和湖北利川，目前我国北京以南各地广泛栽培。

形态特征： 落叶乔木，高达35～41.5m，胸径达1.6～2.4m，树皮灰褐色或深灰色，裂成条片状脱落，小枝对生或近对生，下垂。叶交互对生，羽状二列，线形，柔软，几无柄，通常长1.3～2cm，宽1.5～2mm，上面中脉凹下，下面沿中脉两侧有4～8条气孔线。雌雄同株，雄球花单生叶腋或苞腋，卵圆形，交互对生排成总状或圆锥花序状，雄蕊交互对生，约20枚，花药3，花丝短，药隔显著；雌球花单生侧枝顶端，由22～28枚交互对生的苞鳞和珠鳞所组成，各有5～9胚珠。球果下垂，当年成熟，近球形或长圆状球形，微具四棱，长1.8～2.5cm，种鳞极薄，透明，苞鳞木质，盾形，背面横菱形，有一横槽，熟时深褐色；种子倒卵形，扁平，周围有窄翅，先端有凹缺。花期3月，果期10～11月。

生长习性： 喜光，喜湿润，对环境的适应性强，生长迅速。

用　　途： 国家一级保护植物，是世界上珍稀的孑遗植物，素有"活化石"之称。它对于古植物、古气候、古地理和地质学以及裸子植物系统发育的研究均有重要的意义。树干通直圆满，材质较好，可以制作家具和在建筑上应用。树形优美，对二氧化硫有一定的抵抗性，适于"四旁"及工矿区绿化。

繁殖栽培： 播种插条均能繁殖。11月果鳞由绿变为黄褐色，微裂时即可采种。球果采回后，摊晾或稍经曝晒，种子即可脱出。出种率约为6%～8%，密封干藏法保存。翌年3月下旬至4月上旬播种。播种前可用冷水浸种3～5小时，使种子充分吸水膨胀。因种子轻小有翅，宜混沙或细土播种，播后覆以细土，以看不见种子为度，略加压实，然后覆草或盖地膜保湿。因水杉种子多瘪粒，故多用扦插繁殖。扦插繁殖时硬枝和嫩枝均可，春季扦插插穗用1年生苗的侧枝为宜，在树木发芽前进行扦插。嫩枝扦插在6～7月进行。扦插地要尽量保持湿润、通风。

常见病虫害： 桑寄生、水杉赤枯病、水杉叶枯病；卷蛾、白蚁等。

10 侧柏

学　　名： *Platycladus orientalis* (L.)Franco.

别　　名： 柏树、扁柏、香柏

科　　属： 柏科侧柏属

产地分布： 为中国特产种，华北有野生，人工栽培遍及全国。

形态特征： 常绿乔木，高达25m，干皮淡灰褐色，条片状纵裂，小枝排成平面。全部鳞叶，叶二型，中央叶倒卵状菱形，背面有腺槽，两侧叶船形，中央叶与两侧叶交互对生。雌雄同株异花，雌雄花均单生于枝顶。球果阔卵形，近熟时蓝绿色被白粉，种鳞木质，红褐色，种鳞4对，熟时张开，背部有一反曲尖头，种子脱出，种子卵形，灰褐色，无翅，有棱脊。花期4月，果熟10月。

生长习性： 喜光，幼时稍耐荫，较耐寒，抗风力较差，耐干旱，喜湿润，但不耐水浸，耐贫瘠，对土壤要求不严，在酸性、中性、石灰性和轻盐碱土壤中均可生长，生长缓慢，寿命极长。

用　　途： 是优良的园林绿化树种，也可用于盆景制作，多用于寺庙、墓地、纪念堂馆和园林绿篱。木质软硬适中，细致，有香气，耐腐力强，多用于建筑、家具、细木工等；种子、根、叶和树皮可入药；用种子榨油，供制皂、食用或药用。

繁殖栽培： 主要以种子繁育为主，也可扦插或嫁接。播种时用温水浸种。

常见病虫害： 侧柏毒蛾、双条杉天牛、松梢小卷蛾等。

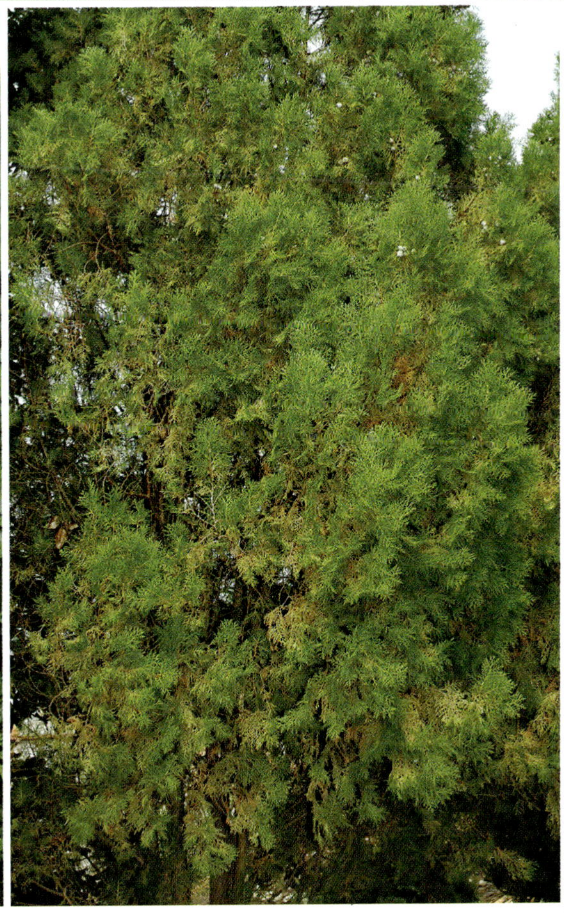

11 圆柏

学　　名： *Sabina chinensis* (L.)Antoine

别　　名： 刺柏、柏树、桧、桧柏

科　　属： 柏科圆柏属

产地分布： 原产于我国内蒙古及沈阳以南，现全国各地均有分布栽培。朝鲜、日本也有分布。

形态特征： 常绿乔木，高达20m，胸径达3.5m，树冠尖塔形或圆锥形，老树则成广卵形，散球形或钟形，树皮深灰色或暗红褐色，成狭条纵裂脱落，近基部的大枝平展，上部逐渐斜上。叶深绿色，叶有两种，鳞叶交互对生，多见于老树或老枝上；刺叶常3枚轮生，长0.6～1.2cm，叶上面微凹，有2条白色气孔带。雌雄异株，少同株。球果近圆球形，2年成熟，径6～8mm，暗褐色，外有白粉，有1～4种子，种子扁卵形，子叶2。花期4月下旬，果多在翌年10～11月成熟。

生长习性： 喜光树种，较耐荫。喜凉爽温暖气候，耐寒、耐热。喜湿润肥沃、排水良好的土壤，对土壤要求不严，钙质土、中性土、微酸性土壤都能生长。耐旱亦稍耐湿，深根性树种，忌积水。耐修剪，易整形。对二氧化硫、氯气和氟化氢有抗性。

用　　途： 我国传统的园林树种。可以群植草坪边缘作背景，或丛植片林、镶嵌树丛的边缘、建筑附近。

繁殖栽培： 播种繁殖，也常用扦插、嫁接繁殖。种子有隔年发芽的习性，播种前需沙藏。尽量不修剪。

12 龙柏

学　　名：*Sabina chinensis* (L.)Antoine ‘Kaizuca’

科　　属：柏科圆柏属

产地分布：原产于中国及日本，广泛分布于中国大陆和台湾，日本等地。

形态特征：为圆柏的变种。常绿小乔木，可达4m，树皮呈深灰色，树干表面有纵裂纹，树冠圆柱形，侧枝稍有螺旋体，形似龙体，故名“龙柏”。小枝密集，叶密生，全为鳞叶，幼叶淡黄绿色，老后为翠绿色，列成“十”字对生。沿枝条紧密排花（孢子叶球）单性，雌雄异株，花细小，淡黄绿色，并不显著，顶生于枝条末端。浆质球果蓝绿色，表面略具有一层蜡粉，内藏2颗种子，有特殊的芬芳气味。

生长习性：喜光，喜深厚肥沃的土壤，要求排水良好，忌潮湿渍水，适宜种植于排水良好的沙质土壤上。耐旱力强，耐寒性不强，抗有害气体，滞尘能力强，耐修剪。幼时生长较慢，3～4年后生长加快，树干高达3m以后，长势又逐渐减弱。

用　　途：具观赏性，适作园林景观树。

繁殖栽培：通常采用扦插和嫁接繁殖。

13 罗汉松

学　　名：*Podocarpus macrophylla* (Thunb.)Sweet
别　　名：罗汉杉
科　　属：罗汉松科罗汉松属
产地分布：长江以南各地。
形态特征：常绿乔木，树皮深灰色，成鳞片状开裂，枝叶稠密。叶螺旋状排列，线状披针形，长7～10cm，宽5～8mm，顶端渐尖或钝尖，基部楔形，有短柄，中脉在两面均明显突起。雄球花穗状，常3～5簇生叶腋，雌球花单生叶腋，有梗。种子卵圆形，径不足1cm，成熟时为紫色或紫红色，外被白粉，着生于肥厚肉质的种托上，种托红色或紫红色，有梗。花期5月，种子10～11月成熟。
生长习性：性喜温暖、湿润、半阴的环境，有很强的适应性，在烈日下亦能生长自如。抗病虫害能力较强，耐寒性较弱，喜生于疏松、肥沃和排水良好的沙质土壤中。
用　　途：罗汉松观赏性高。适庭院地栽，配景，也可盆栽或制作树桩盆景供室内陈设。
繁殖栽培：常用播种和扦插繁殖。扦插时间在3月中旬或梅雨季节进行，春季选休眠枝，秋季选半木质化嫩枝，穗长12～15cm，穗条基部要带有少量的上年生枝条，插入沙、土各半的苗床，约50～60天生根。播种则在8月下旬采种后，随采随播，或沙藏至翌年3月份播种。
常见病虫害：叶斑病和炭疽病；介壳虫、红蜘蛛和大蓑蛾等。

14 木麻黄

学　　名： *Casuarina equisetifolia* Forst.

科　　属： 木麻黄科木麻黄属

产地分布： 原产大洋洲及太平洋地区，广泛栽培于热带美洲和非洲，中国引种约有80多年历史，广东、广西、福建、台湾及南海诸岛均有栽培。

形态特征： 常绿乔木，高达20m，胸径约70cm，树皮较薄，坚韧，幼时环状脱落，老时不规则条裂，枝红褐色，小枝极短，长8～15cm，纤细，末端稍下垂，灰绿色，节间短，长5～8mm，极易从节处拔断，幼时被短柔毛，不久除沟槽外变无毛。鳞片叶狭三角形，压扁，每节有7片，很少6或8片，边有缘毛。雄花序生于小枝顶端，或有时侧生，棍棒状圆柱形，长1～4cm，与雌花序并立。果序椭圆形，长约2cm，直径约1.5cm，顶端平截，基部钝圆，具短梗，小坚果连翘长4～6cm，倒卵形，木质苞片广卵形，顶端钝尖，外面被短柔毛。花果期全年。

生长习性： 喜光、喜温暖湿润。垂直分布在300m以下的低山、丘陵、平原及滨海沙地地区。木麻黄生长快，适应性强，抗风力强，耐干旱，抗沙埋和耐盐碱。适生于海岸的疏松沙地，在离海较远的酸性土壤上亦能生长良好，尤其在土层深厚、疏松肥沃的冲积土上生长更为繁茂，根部有根瘤菌。

用　　途： 在滨海地带营造木麻黄林，可防风固沙，保护农田，改善立地条件，提高作物产量，是沿海防风固沙的优良树种；材质坚重，供建筑、家具、造纸用材、造船等；也是优良薪炭材、栲胶工业原料和家畜饲料。

繁殖栽培： 种子繁殖和用水培法育苗。大田育苗，种子秋播或春播，苗高8～10cm时移植一次，一年后可造林。用容器育苗，可提高苗木质量和产量。水培法育苗，从品质优良的木麻黄树上取半木质化的小枝，经杀菌、生根剂处理，然后在水中培育催根，生根后移植在营养袋土中培育，苗高20cm以上即可造林，惠安推广的惠安1号（赤湖林场选育）育苗即采用此法。造林时采用挖深穴整地、施磷肥、苗木截杆、拌ABT生根粉泥浆、雨天造林、适当深栽等技术措施，可显著提高造林成活率。

常见病虫害： 青枯病；木蠹蛾、星天牛等。

15 旱柳

学　　名： *Salix matsudana* Koidz.

别　　名： 柳枝、立柳

科　　属： 杨柳科柳属

产地分布： 中国分布甚广，东北、华北、西北及长江流域各地均有分布。

形态特征： 落叶乔木，高达18m，胸径80cm，树冠卵圆形至倒卵形。树皮灰黑色，纵裂，枝条直伸或斜展。叶披针形或狭披针形，长5～10cm，先端长渐尖，基部楔形，缘有细锯齿，背面微被白粉，叶柄短，2～4mm，托叶披针形，早落。雄花序轴有毛，苞片宽卵形，雄蕊2，花丝分离，基部有毛，雌花子房背腹面各具一腺体。花期3～4月，果熟期4～5月。

生长习性： 喜光，不耐荫，耐寒性强，喜水湿，亦耐干旱。对土壤要求不严，在干瘠沙地、低湿河滩和弱盐碱地上均能生长，而以肥沃、疏松、潮湿土最为适宜，在固结、黏重土壤及重盐碱地上生长不良。生长快，萌芽力强；根系发达，主根深，侧根和须根广布于各土层中。固土、抗风力强，不怕沙压。

用　　途： 是我国北方常用的庭荫树、行道树。常栽植在河湖岸边，亦用作公路树、防护林及用材树种。旱柳的干枝叶，牛、羊均喜食，是良好的饲料。

繁殖栽培： 以插条繁殖为主，也可种子繁殖。播种育苗寿命长，抗病力强，并可克服长期无性育苗带来的早衰现象，要及时采种，随采随播。扦插育苗春秋两季均可，以春季为宜，在芽萌发前进行。插穗以粗0.8～1.5cm、长15～20cm的为宜，株距20～30cm，行距30～40cm。造林主要用插干、插条和栽植方法。

常见病虫害： 柳锈病、中干腐朽病；杨扇舟蛾、柳九星叶甲、柳毒蛾、柳金花虫、光肩星天牛和柳瘿蚊等。

16 垂柳

学　　名：*Salix babylonica* L.

科　　属：杨柳科柳属

产地分布：长江流域至华南地区。

形态特征：落叶乔木，高达15m。小枝细长，下垂，淡紫绿色或褐绿色，无毛或幼时有毛。叶狭披针形或线状披针形，长7～15cm，宽5～15mm，顶端渐尖，基部楔形，有时歪斜，边缘有细锯齿，无毛或幼时有柔毛，背面带白色；叶柄长6～12mm，有短柔毛。花序轴有短柔毛，雄花序长2～4cm，苞片长圆形，背面有较密的柔毛，雄蕊2，基部微有毛，腺体2；雌花序长1.5～2.5cm，雌花腺体1，子房无毛，柱头4裂。蒴果黄褐色，长3～4mm。花期4月。

生长习性：湿生喜光树种，喜生于河岸两旁湿地，短期水淹及顶不致死亡，适应性强，适应各种土壤，发芽早，落叶迟，生长快速，寿命短，30年后渐趋衰老。对二氧化硫、氯气等抗性弱，受害后有落叶和枯梢现象，不宜栽植于大气污染地区。

用　　途：树形优美，多作庭园绿化树种。适植于水滨、池畔、桥头、河岸、堤防。

繁殖栽培：以插条繁殖为主，也可种子繁殖。播种育苗寿命长，抗病力强，并可克服长期无性育苗带来的早衰现象，要及时采种，随采随播。扦插育苗春秋两季均可，以春季为宜，在芽萌发前进行。插穗以粗0.8～1.5cm、长15～20cm的为宜，株距20～30cm，行距30～40cm。造林主要用插干、插条和栽植方法。

常见病虫害：柳锈病、中干腐朽病；杨扇舟蛾、柳九星叶甲、柳毒蛾、柳金花虫、光肩星天牛和柳瘿蚊等。

17 杨梅

学　　名： *Myrica rubra* (Lour.)Sieb.et Zucc.

科　　属： 杨梅科杨梅属

产地分布： 分布于长江以南各地。

形态特征： 常绿或落叶灌木或乔木，雌雄异株，雄株高大，雌株较矮小而叶稀疏，树皮灰色，小枝近于无毛。叶革质，倒卵状披针形或倒卵状长椭圆形，长6～11cm，宽1.5～3cm，全缘，背面密生金黄色腺体。花通常单性异株，无花被，但承托以小苞片，雄蕊通常4～8枚，稀2枚或多枚，花丝离生或基部合生，花药2室，雌花具1枚苞片和2至数枚鳞片状小苞片，无花被，雌蕊1，子房上位，1室，具基生、直立的胚珠1枚。核果或小坚果，卵状或球形，有时具翅，外果皮干燥或肉质，果实表面有蜡被的粒状突起，紫红色或白色；种子1枚，无胚乳或胚乳极少，胚直，子叶肥厚。根常有根瘤菌。花期4月，果期6～7月。

生长习性： 杨梅喜温暖环境，润湿气候和酸性土，耐荫，喜烈日直射，忌强风、严寒和花期多雨。深根性，根系多而旺，具菌根，故耐旱、耐瘠，适应性广，为荒山造林“先锋树种”。

用　　途： 经济果树，果实具有消暑生津、利尿健脾、解渴止咳、增进食欲、促进消化等医疗保健功能，供生食或腌渍用或制成饮料；树皮含单宁，可为鞣料或染料。为荒山和“四旁”绿化优良树种。

繁殖栽培： 杨梅可用实生法、压条法和嫁接法育苗。选核仁饱满的优树，采收成熟果实后堆置3～5天，洗去果肉;把洗净的种子置于无烈日直射、通风干燥的地方晾干后随播或将种子连晒数天后沙藏，待冬或春播。当苗高6～10cm时，需移植，当砧苗粗达1cm左右时，可供嫁接，或先定植后待干粗达3cm以上时才嫁接。

常见病虫害： 杨梅的抗逆性强，病虫害较少发生。常见病有癌肿病、褐斑病等；害虫有介壳虫、金龟子、卷叶蛾等。

18 栓皮栎

学　　名： *Quercus variabilis* Bl.

科　　属： 壳斗科栎属

产地分布： 分布广，我国辽宁以南均有分布；朝鲜、日本也有。

形态特征： 落叶乔木，树皮灰褐色，深纵裂，木栓层厚而软，深褐色。叶椭圆状披针形或椭圆状卵形，长8～15cm，宽2～5cm，顶端渐尖，基部圆形或阔楔形，边缘有刺芒状细锯齿，背面密生白色星状细绒毛，侧脉9～18对，叶柄长1.5～3cm。壳斗杯状，几无柄，包围坚果2/3以上，直径1.9～2.1cm，苞片锥形，粗刺状，反曲，坚果近球形或卵形，直径1.3～1.5cm，果脐隆起。花期4月，翌年10月果熟。

生长特性： 喜光，常生于山地阳坡，对气候、土壤的适应性强，喜土层深厚、排水良好的山坡，中性及石灰性土壤中均有生长，亦耐干旱、瘠薄，而以深厚、肥沃、适当湿润而排水良好的壤土和沙质壤土最适宜，不耐积水。深根性，主根明显，侧根也很发达，故抗风力强，但不耐移植。萌芽力强，易天然萌芽更新。寿命长。

用　　途： 栓皮栎叶色季相变化明显，是良好的绿化观赏树种，可孤植、丛植或与它树混交成林。根系发达，适应性强，是造林的优良树种。木材坚韧耐磨，纹理直，耐水湿，结构略粗，是重要用材，可作建筑、车、船、家具、枕木用材，栓皮可作绝缘、隔热、隔音、瓶塞等原材料，种子含大量淀粉，可提取浆纱或酿酒，其副产品可作饲料，总苞可提取单宁和黑色染料，枝干还是培植银耳、木耳、香菇等的材料。

繁殖栽培： 主要用播种繁殖法，分蘖法亦可，9～10月间，当总苞虫浸死后再行阴干及沙藏至翌年春播。

常见病虫害： 栎粉舟蛾、云斑天牛等。

19 青冈栎

学　　名： *Cyclobalanopsis glauca*(Thunb.)Oerst.

别　　名： 紫心木、青栲、花梢树、细叶桐、铁栎

科　　属： 壳斗科青冈属

产地分布： 我国分布最广的树种之一，除云南省外，长江以南地区均有分布；朝鲜、日本、印度也有。

形态特征： 常绿乔木，高可达20m。叶互生，集枝顶，革质，椭圆形、倒卵状椭圆形，先端渐尖，叶基宽楔形成圆形，叶中部以上具齿。花单性，黄绿色，雌雄同株，雄花柔荑花序，细长下垂，雌花数个生枝顶叶腋。壳斗碗形，径1cm左右，坚果卵形或椭圆形，长1.2～1.7cm，径1cm。花期5月，果期6～10月。

生长习性： 中性喜光，幼龄稍耐侧方庇荫。喜生于微碱性或中性的石灰岩土壤上，在酸性土壤上也生长良好。深根性直根系，耐干燥，可生长于多石砾的山地。萌芽力强。幼年生长较慢，5年后生长加快，萌芽力强，耐修剪，深根性，可防风、防火。对气候条件反应敏感，遇强光闷热天，叶片逐渐变成红色。雨过天晴，树叶又呈深绿色。

用　　途： 青冈栎的木材灰黄或黄褐色，结构细致，质地坚硬耐腐，可作枕木、车船、滑轮、运动器械、家具和器皿等用材；种子含有淀粉，可酿酒，做糕点、豆腐；壳斗、树皮还可提取栲胶。

繁殖栽培： 播种繁殖和萌芽更新。秋季落叶后至春季萌芽前进行移植，需带土球，并适当修剪部分枝叶，栽后充分浇水。

20 朴树

学　　名： *Celtis tetrandra* Roxb.

科　　属： 榆科朴属

产地分布： 分布山东、河南和长江流域以南各地。

形态特征： 落叶乔木，高20m；树皮灰色，光滑；当年生小枝密生毛。叶质较厚，阔卵形或圆形，中上部边缘有锯齿；三出脉，表面无毛，背面叶脉处有毛，叶柄长约1cm。雄花簇生于当年生枝下部叶腋，雌花单生于枝上部叶腋，1～3朵聚生。核果近球形，单生叶腋，红褐色，直径4～5mm，果柄等长或稍长于叶柄，果核有网纹或棱脊。花期5月，果熟期10月。

生长习性： 喜光且耐荫。喜肥厚、湿润、疏松的土壤，耐干旱瘠薄，耐轻度盐碱，耐水湿。适应性强，深根性，萌芽力强，抗风。耐烟尘，抗污染。生长较快，寿命长。病虫害较少。

用　　途： 木材坚硬，可作建筑、器具用材，树皮纤维可作造纸及人造棉原料；果实榨油，供制肥皂和作润滑油；根、皮、嫩叶入药有消肿止痛、解毒止热的功效，外敷治水火烫伤；叶制土农药，可杀红蜘蛛。树皮含淀粉、黏腋质、鞭质、豆甾醇、植物醇。对二氧化硫、氯气等有毒气体的抗性强。

繁殖栽培： 播种繁殖。秋季收果搓去果肉后立即播种或进行沙藏翌春播。

21 榔榆

学　　名： *Ulmus parvifolia* Jacq.

别　　名： 红鸡油、红鸡榆

科　　属： 榆科榆属

产地分布： 我国南方各省均有栽培。日本、韩国也有。

形态特征： 乔木，高可达15m，树皮近光滑，小枝褐色，有软毛。单叶互生，叶革质，稍厚，椭圆形、卵形或倒卵形，长2～5cm，宽1～2cm，顶端尖或钝，基部圆形，两侧稍不相等，叶缘锯齿，叶面粗糙，叶背有毛，叶革质，叶脉为羽状侧脉。花小而颜色不明显，单顶丛生花序，单瓣，簇生于枝腋。翅果褐色，椭圆形，长1～1.2cm，翅较狭而厚，种子位于果实中央，果柄细，长3～4mm。花期9月。

生长习性： 性喜温暖至高温，生育适温15～28℃。不拘土质，但在肥沃的壤土和沙质壤土生长良好。

用　　途： 庭园观赏树种，其木材坚硬而不易裂，常作为家具的好材料，木树坚硬，可供工业用材；茎皮纤维强韧，可做绳索和人造纤维；树皮含淀粉、黏腋质、鞣质、豆甾醇、植物醇，其根皮、嫩叶可作为药材，药效可消肿解毒，治疖肿、牙痛。

繁殖栽培： 播种繁殖。秋季采收果实立即播种，也可干存至翌春播，播前用温水浸种催芽。

常见病虫害： 榆金花虫、介壳虫、天牛和刺蛾等。

22 木波罗

学　　名：*Artocarpus heterophyllus* Lam.

别　　名：波罗蜜、树波罗、面包果

科　　属：桑科木波罗属

产地分布：原产印度、马来西亚，我国南方及云南东南部均有栽培。

形态特征：常绿乔木，树形高大，树皮光滑，灰褐色，有乳汁。单叶互生，厚革质，椭圆形或倒卵形，长7～15cm，全缘，上面有光泽，下面略粗糙。花极多，单性，雌雄同株，雄花序顶生或腋生，圆柱形；雌花序矩圆形，生于树干或主枝上，花被管状。聚花果长30～100cm，重可达30kg，外皮有六角形瘤状突起。

生长习性：喜高温多湿的低地环境，对土壤要求不严，宜在高温潮湿、土壤肥沃疏松、排水良好的低丘陵地或平地栽培，以“四旁”周围栽培结果最好。

用　　途：树形美观，适作四旁绿化树种；木材坚硬，可制家具，也可作黄色染料；树液和叶药用，消肿解毒。木波罗果实硕大，为水果之王，有止渴、通乳、补中益气功效。种子富含淀粉。

繁殖栽培：可用种子、圈枝或嫁接法繁殖。多为直播或用容器育苗，带土定植。

常见病虫害：叶斑病、煤烟病、花果软腐病；天牛、刺蛾、蚜虫、金龟子、吹绵蚧等。

23 柘树

学　　名： *Cudrania tricuspidata*(Carr.)Bureau ex Lavall

别　　名： 柘刺、柘桑

科　　属： 桑科柘属

产地分布： 分布于河北南部、华东、中南、西南等地。

形态特征： 落叶灌木或小乔木，高达8m，树皮淡灰色，成不规则的薄片状剥落；幼枝有细毛，后脱落，有硬刺，刺长5～30mm。叶卵形或倒卵形，长3～12cm，宽3～7cm，顶端锐或渐尖，基部楔形或圆形，全缘或3裂，幼时两面有毛，老时仅背面沿主脉上有细毛。花排列成头状花序，单生或成对腋生。聚花果近球形，红色。花期6月，果期9～10月。

生长习性： 喜光亦耐荫，耐寒，喜钙土树种，耐干旱、瘠薄，适生性很强。根系发达，生长较慢。病虫害较少。

用　　途： 茎皮是很好的造纸原料；根皮入药，止咳化痰，祛风利湿，散淤止痛；木材为黄色染料；叶饲蚕；果食用和酿酒。我国古时桑柘并称，可见它的用途不次于桑。

繁殖栽培： 播种、扦插、分根蘖苗均可繁殖。种子需60天以上才播种。扦插应秋季采穗沙藏，夏末插嫩枝也可。

24 桑树

学　　名： *Morus alba* L.

别　　名： 桑、桑叶树、家桑

科　　属： 桑科桑属

产地分布： 原产中国中部，现南北各地广泛栽培，尤以长江中下游各地为多。朝鲜、蒙古、日本、前苏联、欧洲及北美洲亦有栽培，并已归化。

形态特征： 落叶乔木或灌木，高可达15m，树皮黄褐色，有乳汁。叶卵形至广卵形，叶端尖，叶基圆形或浅心脏形，边缘有粗锯齿，有时有不规则的分裂。叶面无毛，有光泽，叶背脉上有疏毛。雌雄异株，柔荑花序。聚花果卵圆形或圆柱形，粉白色，成熟时红色或黑紫色。花期5月，果期6～7月。

生长习性： 喜光，幼时稍耐荫。喜温暖湿润气候，耐寒。耐干旱，忌积水，积水时生长不良甚至死亡。对土壤的适应性强，能耐瘠薄和轻碱性，但喜土层深厚、湿润、肥沃土壤。根系发达，抗风力强。萌芽力强，耐修剪。有较强的抗烟尘能力。

用　　途： 重要经济树种，树叶养蚕，嫩枝嫩叶可煮食，果富含各种营养，可生食或酿造；根、叶、枝、果可入药，有利尿、祛痰、降血压之功效，提取物能降血糖，并有抑癌作用。木材供雕刻。树形美观，且能抗烟尘及有毒气体，适应性强，适于城乡“四旁”、矿区绿化。

繁殖栽培： 可用播种、扦插、压条、分根、嫁接等繁殖法。采收果实，揉搓后漂去果肉取得种子，稍晾干后即可夏播。扦插成活率极高。

常见病虫害： 桑疫病、膏药病、干枯病、卷叶枯病、根结线虫病、黄化型萎缩病；桑象虫、桑尺蠖、桑毛虫、桑瘿蚊、桑螟、夏叶虫、黄叶虫、野蚕、桑天牛、桑蓟马、桑粉虱等。

25 无花果

学　　名： *Ficus carica* L.

科　　属： 桑科榕属

别　　名： 映日果、奶浆果、蜜果、树地瓜、文先果、天生子

产地分布： 原产于欧洲地中海沿岸和中亚地区，西汉时引入中国，以长江流域和华北沿海地带栽植较多。

形态特征： 落叶灌木或乔木，树冠半圆形，树高3～4m，树冠直径4～5m，茎干银灰色，幼枝墨绿色，有乳汁。干皮灰褐色，平滑或不规则纵裂。小枝粗壮，托叶包被幼芽，托叶脱落后在枝上留有极为明显的环状托叶痕。叶掌形互生，浓绿或绿色，厚膜质，宽卵形或近球形，长10～20cm，3～5掌状深裂，少有不裂，边缘有波状齿，上面粗糙，下面有短毛。花多雌雄异花，密集于膨大的花托中形成隐状花序，花轴顶端膨大，中间凹陷，花序托有短梗，单生于叶腋，雄花生于瘿花（不育花）花序托内面的上半部，雄蕊3，雌花生于另一花序托内。聚花果梨形，熟时黑紫色，瘦果卵形，淡棕黄色。花期4～5月，6月中旬至10月均可成花结果，幼果色绿，渐变为淡黄色、黄色，果汁黏，甜而不腻，清爽可口。

生长习性： 喜温暖湿润的海洋性气候，喜光、喜肥，不耐寒，不抗涝，较耐干旱。

用　　途： 无花果含葡萄糖、枸橼酸、蛋白酶等，药食两用。叶中含有一种特殊的香气，清香宜人，少病虫害，可滤清空气中二氧化硫、三氧化硫、苯等有害气体。

繁殖栽培： 以扦插繁殖为主，也可播种或压条繁殖。种细小，清理较难，故少用播种繁殖。扦插极易成活。

常见病虫害： 炭疽病、锈病、黑斑病；桑天牛等。

26 菩提树

学　　名：*Ficus religiosa* L.

别　　名：思维树、七叶树

科　　属：桑科榕属

产地分布：华南地区。

形态特征：半常绿乔木，全株平滑，树干粗直，具有悬垂气根，有乳汁。叶革质，绿色，边缘波状，全缘，卵圆形或三角卵形，表面平滑有光泽，心形，叶端长尾尖，网状叶脉明显，叶长10～17cm，叶宽8～12 cm，尾尖长2～5cm，叶柄纤细，长6～10 cm，托叶掉落后会在枝条上留下环状的托叶环。雌雄同株，隐头花序，雄花、雌花和不育花（瘿花）均生长在同一榕果的内壁，雄花很少，生内壁近口部，无柄，花被片3，雄蕊1枚，雌花有梗或无梗，花被片3～4，花柱近顶生，瘿花多数，花被片4～5，子房有柄，花柱线形。隐花果双生腋下，扁球形，直径1～1.5cm，绿色，成熟变为黑紫色。花期3～4月，果期5～6月。

生长习性：喜光，喜温暖至高温湿润气候，抗风，抗大气污染，速生。

用　　途：庭荫树，寺庙常用，也可做行道树。叶片为制作叶脉标本的好材料。白色乳汁，取出后可制硬性树胶；用树皮汁液漱口可治牙痛；花入药有发汗解热、镇痛之效。

繁殖栽培：以扦插繁殖为主，也可播种或压条繁殖。常用扦插繁殖。扦插以4～6月为宜，选取顶端嫩枝，长20cm，留2～3片叶，下部叶片剪除，剪口要平，剪口常分泌白色乳汁，用温水洗去，稍晾干后扦插，插后30天能生根。

常见病虫害：黑霉病和叶斑病；介壳虫等。

27 高山榕

学　　名： *Ficus altissima* Bl.

别　　名： 马榕、鸡榕、大青树

科　　属： 桑科榕属

产地分布： 原产中国及亚洲热带。

形态特征： 常绿乔木，树冠伞形，树皮灰色，平滑，有气根，有乳汁。叶互生，厚革质，浓绿，广卵形至广卵状椭圆形，少数为卵状披针形，长10～18cm，宽7～10cm，顶端钝急尖或稍钝，基部圆形或钝，少有偏斜，全缘，光滑，基出脉3～5条，侧脉5～6对，较粗，网脉在背面较明显。花序单生或成对腋生，雄花散生于花序内壁，具梗，雌花无梗，生于另一花序。瘦果表面有瘤状凸体，卵球形，长1.5～2.5cm，宽1.5～2cm。

生长习性： 喜光，耐贫瘠和干旱，抗风和抗大气污染，生长迅速，移栽容易成活。

用　　途： 树冠广阔，树姿稳健壮观，适作园林绿化树种。优良的紫胶虫寄主树。

繁殖栽培： 以扦插繁殖为主，也可播种或压条繁殖。

常见病虫害： 煤污病；榕管蓟马等。

28 垂叶榕

学　　名：*Ficus benjamina* L.

别　　名：垂枝榕、白榕、垂榕

科　　属：桑科榕属

产地分布：原产于印度、越南及我国海南、广东、广西、云南、贵州等地，我国南方各省广为栽培。

形态特征：常绿乔木或灌木，树皮光滑，灰白色至灰褐色，幼枝淡绿色，树干易生气根，小枝柔软下垂，有乳汁。叶互生，椭圆形或倒卵形，顶端长尾尖，长5～10cm，宽3～5cm，革质，光亮，全缘，叶柄长0.7～2cm，托叶披针形。花序托无梗，单生或叶腋对生，雄花、瘿花和雌花同生，雄花花被片3～4，雄蕊1，瘿花和雌花花被片3～4，子房卵形，花柱侧生。

生长习性：喜高温、湿润、光亮的环境，忌低温干燥，耐荫性强，安全越冬温度5℃。

用　　途：园林绿化和盆栽观赏植物。

繁殖栽培：垂枝榕通常用扦插和高压繁殖。扦插繁殖：垂叶榕扦插繁殖容易生根，可于4～6月间进行。选取生长粗壮的成熟枝条，每段8～10cm，带1～2片叶作为插穗，剪口汁液可用温水洗去或火烤使之凝结，然后插入沙床中，保持温度24～30℃和较高的湿度，30天左右即可生根。压条繁殖：常于4～8月进行，可选择半木质化的顶枝，在其上部留3～4片叶，在其下方进行环剥或舌状切割，然后用泥或苔藓包裹，用塑料膜捆扎，1个月左右便可生根。待其长至30～40cm时，即可剪下定植。

常见病虫害：白粉病和叶斑病；淡圆介壳虫、红蜘蛛和叶虱等。

29 榕树

学　　名： *Ficus microcarpa* L.f.

别　　名： 细叶榕、小叶榕、成树、石榕

科　　属： 桑科榕属

产地分布： 榕树原产印度、马来西亚、缅甸、中国、越南、菲律宾，我国南方各省均有分布。

形态特征： 常绿乔木，树形高大，枝具下垂的须状气生根，有乳汁。叶椭圆形、卵状椭圆形或倒卵形，长4～10cm，宽2～4cm，先端钝尖，基部楔形，全缘或浅波状，羽状脉，革质无毛。花序托单生或成对生于叶腋，瘿花和雌花同生于一花托中。果腋生，扁倒卵球形，直径5～10mm，乳白色，成熟时黄色或淡红色。

生长习性： 热带树种，适温23～32℃。喜光植物，需强光。耐热、怕旱、耐湿、耐瘠、耐荫、耐风、抗污染、耐剪、易移植、寿命长。

用　　途： 树性强健，绿荫蔽天，可作行道树、园林绿化树，可单植、列植、群植，是各地区景观利用最广泛的树种。树皮纤维可制鱼网和人造棉。气根、树皮和叶芽作清热解表药。

繁殖栽培： 以扦插繁殖为主，也可播种或压条繁殖。

常见病虫害： 炭疽病；天牛、介壳虫等。

30 印度胶树

学　　名： *Ficus elastica* Roxb.ex Hornem.

别　　名： 橡皮树、印度榕、印度橡胶、象鼻树

科　　属： 桑科榕属

产地分布： 橡皮树原产印度及马来西亚等地，现我国南方各省有栽培。

形态特征： 常绿木本观叶植物，树冠开展，树皮有乳汁。叶片较大，厚革质，有光泽，长椭圆形或矩圆形，长5～30cm，宽7～9cm，叶面暗绿色，叶背淡绿色，初期包于顶芽外，托叶单生，淡红色，新叶伸展后托叶脱落，并在枝条上留下托叶痕。花序托成对着生于叶腋，矩圆形，成熟时黄色，雄花、雌花和瘿花生于同一花序托中。

生长习性： 橡皮树喜温，怕酷暑，不耐寒，越冬温度不得低于15℃，喜阳光，不耐荫。喜疏松肥沃的腐殖土，能耐轻碱和微酸。

用　　途： 观赏价值较高，是著名的园林绿化观叶植物，可盆栽。

繁殖栽培： 常用扦插和高压繁殖。

常见病虫害： 炭疽病、叶斑病和灰霉病；介壳虫和蓟马等。

31 大叶榕

学　　名：*Ficus lacor* Buch.-Ham.
别　　名：黄桷树、黄葛树
科　　属：桑科榕属
分　　布：我国、亚洲南部以及大洋洲等地。
形态特征：落叶乔木，树高可达15m。冬天落叶，春天叶芽绽开，新叶浅绿色，同时，不显眼的花苞片散落满地。叶互生，纸质或薄革质，长圆形或长圆状卵形，长10～15cm，宽4～7cm，基出3脉，全缘，侧脉每边7～10条，下面凸起而明显，网脉较明显，托叶广卵形。花序单个或成对腋生，或簇生于已落叶的小枝上，直径5～8mm，基部苞片卵圆形，细小，无总花梗，雄花、瘿花、雌花生于同一花序内；雄花：具梗，少数，萼片4或5片，线形，雄蕊1枚，花丝短；瘿花：具梗，萼片3或4片，与雄花的相似；雌花：无梗，萼片与瘿花的相似。瘦果，大小如小西红柿般，由青绿变黄，成熟后变为红色的浆果，花果期全年。
生长习性：树形高大、耐热、耐贫瘠、生长快、抗污染。
用　　途：生性强健，树姿丰满，能抵强风，移栽容易，适于作行道树、园景树和庭荫树。
繁殖栽培：高压和扦插繁殖。

32 天仙果

学　　名： *Ficus formosana* Maxim.

科　　属： 桑科榕属

别　　名： 台湾榕、羊乳子、大同木、山蒲桃

产地分布： 湖北、湖南、贵州、浙江、江西、福建、广东、广西、台湾有分布；日本、越南也有。

形态特征： 常绿灌木或小乔木，高2～3m，有乳汁。小枝、叶脉和叶柄幼时均被疏柔毛，枝纤细，有托叶残留的痕迹。叶互生，叶柄长4～6mm，托叶长三角形，长约8mm，早落，叶片膜质，倒卵状披针形，长4～11cm，宽1～3.5cm，先端通常渐尖，尖端有时长达1cm以上，中部以下渐狭，有时不对称，基部楔形，全缘或上部呈浅波状或有不规则的缺齿，侧脉和疏离的网脉在背面稍明显。隐头花序单生于叶腋，雄花、瘿花同生于一花序托中，雌花生在另一花序托内，雄花花被片3～4，雄蕊2；瘿花花被片4～5，舟状，花柱短，侧生；雌花与瘿花相似，花被片4，但花柱较长，柱头漏斗形。果梨形或近球形，成熟时紫红色，直径6～8mm，外面有小瘤体，顶端有脐状突起，基部渐狭成一短柄，长2～3mm。花期4～7月。

用　　途： 根茎叶均可食用，用来炖鸡汤十分可口，全株可入药，有柔肝健脾、清热利湿、祛风活血、补虚劳之效用，可用于产后食补、急性肝炎、慢性肝炎、腰肌扭伤、水肿、小便淋痛等；木材供做薪柴之用。

生长习性： 喜高温、湿润的环境，忌干燥，耐荫性强，生于低海拔至高海拔的山地疏林中或旷野、路旁、溪边。

繁殖栽培： 野生品种，少有栽培。桑科榕属的植物，用种子、扦插繁殖，容易成活。

33 银桦

学　　名： *Grevillea robusta* A.Cunn.

别　　名： 绢柏、丝树、银橡树

科　　属： 山龙眼科银桦属

产地分布： 华南、西南等地。

形态特征： 落叶乔木，幼枝被锈色绒毛。叶互生，全缘或二回羽状深裂，裂片披针形，5～12对，长5～10cm，宽1.5～2.5cm，上面中脉被棕色绒毛，下面被锈色绒毛和银灰色绢状毛，边缘反卷。花两性，橙黄色，具柄，通常成对着生于花序轴上，排成顶生或腋生的总状花序；苞片小，早落，无花瓣，萼片4，萼管细长，稍弯曲，线形或线状匙形，初时顶端常粘合，盛开时反卷，长约2cm，雄蕊4，无花丝，子房具柄或近无柄，胚珠2颗，横生于子房室的侧面。蓇葖果木质，卵状矩圆形，常弯曲，自中轴开裂；种子2或1颗，扁平，圆形或长圆形，常有翅。初夏开花。

生长习性： 喜光，喜温暖，怕炎热，不耐寒，生长快，喜酸性土壤。

用　　途： 行道树，对氟、氯等有毒气体有抗性和吸收能力，是城市净化空气树种，木材能做家具、制浆和胶合板。

繁殖栽培： 播种繁殖。种子寿命短，宜采后即播，如需贮藏，要在5℃低温保存。移植要带土球。

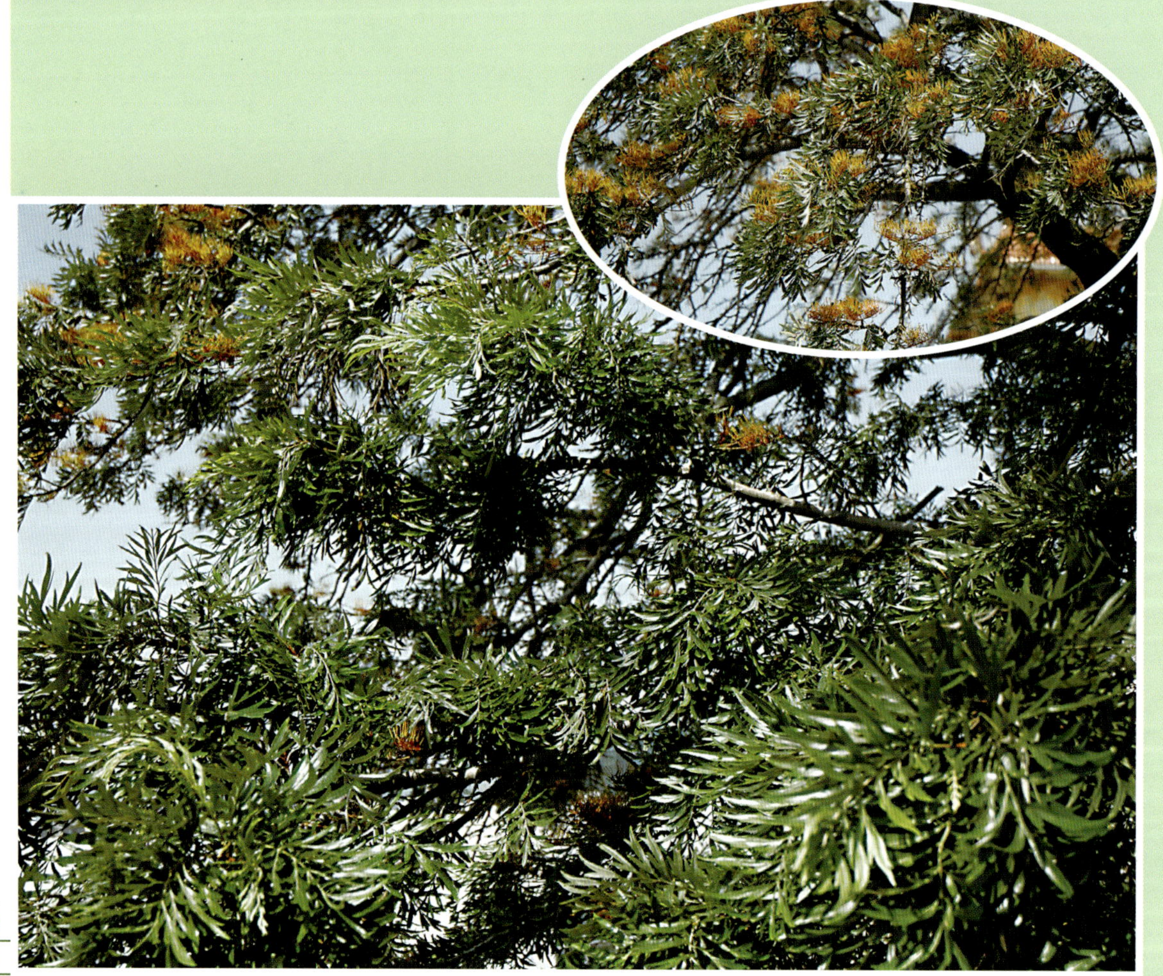

34 玉兰

学　　名：*Magnolia denudate* Desr.

别　　名：白玉兰、白木兰、玉堂春、望春花

科　　属：木兰科木兰属

产地分布：各地均有分布。

形态特征：落叶乔木，高可达10m以上。树皮灰褐色，平滑，老树粗糙开裂。幼时主干明显，树冠规整，花后树冠渐广卵形。小枝灰褐色，嫩枝及芽外披黄色短柔毛。冬芽大，密生灰绿或灰黄色绒毛。叶片互生，有时呈螺旋状，宽倒卵形至倒卵形，长10～18cm，宽6～12cm，先端圆宽，平截或微凹，具短突尖，中部以下渐狭楔形；全缘，表面有光泽，背面叶脉上有柔毛，淡绿色，通常有托叶或附属物着生叶柄基部两侧，托叶脱落后幼枝上残存环状托叶痕。花大，先叶开放，单生枝顶，钟状，白色有清香，花瓣9片，肉质，萼片与花瓣相似，每3片排成一轮，钟状。聚合果圆筒状，红色至淡红褐色，果成熟后裂开，种子鲜红色，外种皮肉质。花期3月，果熟9～10月。

生长习性：喜温暖、向阳，有较强的耐寒能力。喜肥沃、排水良好而带微酸性的沙质土壤，在弱碱性的土壤上亦可生长。忌低湿，栽植地渍水易烂根。

用　　途：是中国著名的观赏植物和传统花卉，广植于庭园中。极具观赏性。花含芳香油，可提制香精，熏茶或食用。果实能提制工业用油，花蕾和树皮可入药。

繁殖栽培：以嫁接繁殖为主，亦可播种、扦插、压条进行繁殖。播种于9月底或10月初，采下成熟的果实，取出种子，用草木灰水浸泡1～2天，然后搓去蜡质假种皮，再用清水洗净即可播种，也可将种子洗净后，用湿沙层积法进行冷藏，于翌年3月在室内盆播，20天左右即可出苗。扦插可于6月初新梢之侧芽饱满时进行。嫁接以木兰实生苗作砧木，行劈接、腹接或芽接。于清明前进行切接，也可于秋分前后切接，或在8～9月芽接。压条时间2～3月，选粗壮植株，取粗0.5～1cm的1～2年生枝为压条，如有分枝，可压在分枝上。压后当年生根，与母株相连时间越长，根系越发达，成活率越高，定植后2～3年即能开花。

常见病虫害：黑斑病、叶枯病、炭疽病、叶斑病；红蜡蚧、吹绵蚧、红蜘蛛、大蓑蛾、天牛樗蚕、霜天蛾等。

惠安引种有园林品种二乔玉兰

35 广玉兰

学　　名： *Magnolia grandiflora* L.

别　　名： 洋玉兰、大花玉兰、玉兰

科　　属： 木兰科木兰属

产地分布： 原产北美东南部，我国长江以南各省也栽培。

形态特征： 常绿乔木，树皮灰褐色，树冠卵状圆锥形，小枝和芽均有锈色柔毛。叶革质，长椭圆形，长10～20cm，表面有光泽，背面有锈色柔毛，边缘微反卷。花白色，荷花状，直径15～20cm，芳香，花柄密生淡黄色绒毛，花被片9～13，倒卵形，长7～8cm，心皮密生长绒毛。聚合果圆柱形，长6～8cm，有锈色绒毛；蓇葖果卵圆形，紫褐色，顶端有外弯的喙。种子外皮红色。花期5～7月，9～10月果熟。

生长习性： 喜温暖湿润气候，要求深厚肥沃、排水良好的酸性土壤。喜阳光，但幼树颇能耐荫，不耐强阳光或西晒，否则易引起树干灼伤。抗烟尘毒气的能力较强。病虫害少，生长速度中等，3年以后生长逐渐加快，每年可生长0.5m以上。

用　　途： 观赏树木，花含芳香油和木兰花碱，可制鲜花浸膏；叶供药用，治高血压。用种子繁殖，但通常以木兰为砧本行嫁接法繁殖。对二氧化硫、氯气等抗性强，可在大气污染严重地区栽植。

繁殖栽培： 可用播种、压条和嫁接繁殖。

常见病虫害： 叶斑病；介壳虫、白蚁等。

36 黄兰

学　　名： *Michelia champaca* L.

别　　名： 黄玉兰、黄缅桂、大黄桂

科　　属： 木兰科含笑属

产地分布： 原产印度西南部、缅甸南部。我国南方各省有栽培。

形态特征： 常绿乔木，高可达10～20m。幼枝、嫩叶和叶柄均被淡黄色平伏的柔毛。叶互生，叶柄细，长2～4cm，托叶痕达叶柄中部以上，叶薄革质，叶片披针状卵形或披针状长椭圆形，长10～20cm，宽4～9cm，先端长渐尖或近尾状渐尖，基部宽楔形或楔形，两面绿色。花单生于叶腋，橙黄色，极香，花梗短而有灰色绒毛，花被15～20，披针形，长3～4cm，雄蕊多数，药隔伸出成长尖头，雌蕊心皮多数，分离，密被银灰色微毛，雌蕊群柄长约3mm。聚合果长7～15cm，蓇葖果倒卵状长圆形，长1～1.5cm，外有疣状突起。种子2～4，有红色假种皮。花期6～7月，果期9～10月。

生长习性： 要求阳光充足，喜暖热湿润，喜酸性土，不耐碱土，不耐干旱，忌过于潮湿，尤忌积水。不耐寒，冬季室内最低温度应保持在5℃以上。宜排水良好、疏松肥沃的微酸性土壤，抗烟能力差。

用　　途： 优良园林绿化树种。花和叶是芳香油的原料，也是花篮、花束、胸花、头饰的材料。木材优良，可供造船等用。黄兰还具有一定的药用功能，性苦、凉。根祛风湿，利咽喉，用于风湿骨痛；果健胃、止痛，用于消化不良、胃痛。

繁殖栽培： 以播种为主，也可嫁接。

常见病虫害： 介壳虫。

37 白兰

学　　名： *Michelia* × *alba* DC.

别　　名： 白缅花、缅桂、玉兰花、白玉兰

科　　属： 木兰科含笑属

产地分布： 原产于喜马拉雅山及马来半岛，我国南方广为栽培，长江流域及其以北地区多为盆栽。

形态特征： 常绿乔木，根肉质，富含水分，树干灰白色，分枝稀，嫩枝浅绿毛。单叶互生，长圆状椭圆形或椭圆状披针形，长10～20cm，宽4～10cm，两端均渐狭，浅绿，革质，叶面平滑有光泽，表背均无毛或背面脉上有疏毛且为浅绿色，侧脉显著，叶柄长1.5～3cm，托叶痕仅达叶柄中部以下。花单生于叶腋间有短梗，白色，极芳香，长3～4cm，花瓣披针形，约为10枚以上。通常多不结实，稀有疏生穗状聚合果。花期4月下旬至9月下旬。

生长习性： 性喜日照充足、暖热湿润和通风良好的环境，不耐荫，也不耐酷热和日灼。怕寒冷，冬季温度不可低于5℃。不抗污染，最忌烟气。由于根系肉质、肥嫩，既不耐干又不耐湿，尤忌渍涝。喜富含腐殖质、排水良好、疏松肥沃、带酸性的沙质土壤，木质较脆，枝干易被风吹断。

用　　途： 极具观赏价值，优良园林绿化树种，常作为庭荫树、行道树。根、叶、花还可入药，有利尿、止咳化痰的功效。花朵可以提炼香精和熏制茶叶。

繁殖栽培： 常用压条和嫁接繁殖。压条以高压居多。高压繁殖于6～7月选取直径1cm的2年生发育充实的枝条，用作环状剥皮，环剥带宽1～2cm，晾2～3天，用园土或腐殖土和苔藓各半混合，再用塑料薄膜包扎，保持湿润，约2个月后生根。嫁接一般以木兰作砧木用靠接和切接等方法。

常见病虫害： 黄化病、炭疽病、黑斑病、灰斑病；蚜虫、红蜘蛛、刺蛾、介壳虫等。

38 含笑

学　　名： *Michelia figo*（Lour.）Spreng.

别　　名： 含笑花、含笑梅、山节子、香蕉花、唐黄心树

科　　属： 木兰科含笑属

产地分布： 原产广东、福建等地的亚热带地区山坡杂木林中。现在从华南至长江流域各省均有栽培。

形态特征： 常绿灌木或小灌木，高达3～5m，圆形树冠。树皮灰褐色，小枝有环状托叶痕。嫩枝、芽、叶、柄、花梗均密生锈色绒毛。单叶互生，革质，椭圆形或倒卵形，先端渐尖或尾尖，基部楔形，全缘，叶面有光泽，叶背中脉上有黄褐色毛，叶背淡绿色。花单生于叶腋，花径约2～3cm，花乳黄色，瓣缘常具紫色，有香蕉型芳香。花期4～5月。

生长习性： 喜稍荫条件，不耐烈日暴露。喜温、暖湿润环境，不甚耐寒，上海地区宜种植于背风向阳之处。不耐干燥贫瘠，喜排水良好、肥沃深厚的微酸性土壤，中性土壤也能适应，但在碱性土中生长不良，易发生黄化病。

用　　途： 著名的芳香花木，极具观赏性，为园林常用观赏树，亦可作盆景，花可提取芬芳的精油，为极佳的天然香料，也可作为制茶时佐用的香料。

繁殖栽培： 可用播种、分株、压条和扦插法繁殖。扦插宜在7月下旬至9月上旬进行，取未发出新芽但留有3～8片叶子的木质化枝条或顶芽约15cm，扦插前用500～100mg／L的吲哚丁酸或萘乙酸水溶液浸醮 5 秒钟，稍晾后再扦插于沙质土壤上，适当遮荫及保持湿润，约2～3个月即可生根，翌春进行移植。高压法适在开花之后，约4～5月进行，选择株龄为2～3年之壮硕枝条进行土压，经3～4个月即可生根。嫁接法，宜在5～6月间实施，常以木兰作为砧木。

常见病虫害： 黑霉病、黄化病；介壳虫、蚜虫及红蜘蛛等。

39 樟树

学　　名：*Cinnamomum camphora* (L.)Presl
别　　名：香樟
科　　属：樟科樟属
产地分布：原产中国南部各省，日本、琉球群岛及越南均有分布。
形态特征：常绿大乔木。呈圆形树冠，树皮幼时绿色，平滑，老时渐变为黄褐色或灰褐色纵裂；冬芽卵圆形。叶薄革质，卵形或椭圆状卵形，全缘，表面光滑，长5～10cm，宽3.5～5.5cm，顶端短尖或近尾尖，基部圆形，离基三出脉，近叶基的第一对或第二对侧脉长而显著，背面微被白粉，脉腋有腺点。雌雄同花，圆锥花序腋生于枝顶端，花小，黄绿色，浆果球形、成熟时由绿色转为黑紫色，直径约0.5cm；全株散发樟树的特有清香气息。花期4～5月，果期10～11月。
生长习性：喜光，稍耐荫，喜温暖湿润气候，耐寒性不强，对土壤要求不严，较耐水湿，但不耐干旱、瘠薄和盐碱土。主根发达，深根性，能抗风。萌芽力强，耐修剪。生长速度中等，树形大，存活期长。
用　　途：国家Ⅱ级重点保护野生植物（国务院1999年8月4日批准）。亚热带地区（西南地区）重要的材用和特种经济树种，根、木材、枝、叶均可提取樟脑、樟油；有涵养水源、固土防沙、美化环境、抗风、很强的吸烟滞尘和抗有毒气体能力，能吸收多种有毒气体，为良好的行道、庭院、园林树种。木材材质优，抗虫害、耐水湿，供建筑、造船、家具、箱柜、板料、雕刻等用。
繁殖栽培：播种繁殖。10月后扫树下落果搓去果肉后，洗净稍晾干立即播种或进行沙藏至翌春播。培育大苗要经多次移植，移植时要带土球。
常见病虫害：白粉病、溃疡病；樟巢螟、樟叶蜂、樟梢卷叶蛾。

40 阴香

学　　名：*Cinnamomum burmannii* (C.G.et Th.Nees)Bl.

科　　属：樟科樟属

别　　名：山玉桂、野玉桂、香胶叶

产地分布：海南，广东、云南等省有栽培。

形态特征：常绿乔木。树皮灰褐色至黑褐色，光滑，内皮红色，味辛甜，小枝绿色光滑，叶不规则对生或散生，革质，卵形至长卵形，长6～10cm，宽2.5～4cm，叶顶短渐尖，基部阔楔形，具明显离基三出脉，脉腋无腺体。圆锥花序生枝顶或叶腋，花被长5mm，内外均被毛，花绿白色。核果卵形，长8mm，熟时鲜红色，果托6齿裂，绿褐色，齿顶端平。花期3～4月，果期4～10月。

用　　途：对氯气和二氧化硫均有较强的抗性，为优良的庭园树种，叶可作芳香植物原料；木材供建筑、家具等用，还可作肉桂的砧木。

繁殖栽培：种子繁殖。采收成熟果实，堆沤数天，待果肉充分软化后，用冷水浸渍，搓去果皮，漂去果肉，晾干，即播为宜，沙藏最好不超过20天，幼苗期间适当遮荫。

41 潺槁树

学　　名： *Litsea glutinosa* (Lour.)C.B.Rob.

别　　名： 潺槁木姜子、油槁树、胶樟、青野槁

科　　属： 樟科木姜子属

产地分布： 原产我国南部以及印度、越南和菲律宾。

形态特征： 常绿乔木。叶互生，倒卵状长圆形或椭圆状披针形，先端钝圆，幼叶两面被毛，老时下面被毛或近无毛。侧脉8～12对，叶柄被灰黄色绒毛。伞形花序单生或几个簇生于短枝上。雌雄异株。花被片不完全或缺，能育雄蕊15枚或更多。果球形。

生长习性： 喜光，喜温暖至高温湿润气候，耐干旱，耐瘠薄，不耐寒，对土质选择不严。较少病虫害。

用　　途： 树姿优美，为良好的园林风景树和绿化树。木姜子有杀虫灭菌之功效，果实可提取木姜子油，为重要化学原料。

繁殖栽培： 种子繁殖。采收即播，也可沙藏至翌春。

42 枫香树

学　　名： *Liquidambar formosana* Hance

别　　名： 枫树

科　　属： 金缕梅科枫香属

产地分布： 产中国长江流域及其以南地区；日本也有。

形态特征： 落叶乔木，高可达40m，胸径1.5m，树冠广卵形或略扁平。树皮灰色，浅纵裂，老时不规则深裂。叶常为掌状3裂（萌芽枝的叶常为5～7裂，长6～12cm，基部心形或截形，裂片先端尖，缘有锯齿，幼叶有毛，后渐脱落。果序较大，径3～4cm，宿存花柱长达1.5cm，刺状萼片宿存。花期3～4月，果10月成熟。

用　　途： 枫香树高干直，树冠宽阔，深秋叶色红艳，美丽壮观，是南方著名的秋色叶树种。在我国南方低山、丘陵地区营造风景林很合适。亦可在园林中栽作庭荫树，可于草地孤植、丛植，或于山坡、池畔与其他树木混植。枫香具有较强的耐火性和对有毒气体的抗性，可用于厂矿区绿化。

繁殖栽培： 播种育苗。种子较小，应精耕细作，种子播前浸水催芽，拌沙土撒播于床面，覆草，保湿。

43 桃

学　　名： *Prunus persica*(L.)Batsch

科　　属： 蔷薇科李属

产地分布： 原产我国，世界各地广为栽培。

形态特征： 落叶小乔木，高4～8m。干皮紫褐色，有光泽，常具横向环纹，老时纸质剥落。叶卵状披针形或圆状披针形，长8～12cm，宽3～4cm，边缘具细密锯齿，稀有腺体，两边无毛或下面脉腋间有毛；花单生，花瓣粉红色或白色，先叶开放，近无柄，萼筒钟状，有短绒毛，裂叶卵形。果球形或倒卵形，径5～7cm，表面被短毛，白绿色，熟果带粉红色，品种繁多，口味和肉质也差异很大，有的肉质薄、脆、干燥，有的肉厚，多汁，气香，味甜或微甜酸，野生桃树果小口感差，核扁心形，极硬。花期3～4月，果期7月。

生长习性： 喜光、耐旱、耐寒，较耐盐碱，忌水湿。

用　　途： 优良经济果树和观花灌木，桃核可以榨油，其枝、叶、果、根俱能入药，桃木细密坚硬，可供雕刻用。

繁殖栽培： 播种育苗、嫁接繁殖。

常见病虫害： 流胶病；金龟子、蚜虫、红蜘蛛、蓑蛾、天牛等。

小贴士： 桃的品种繁多，分为果桃和花桃两大类群，果桃以产果为主；花桃以观花为主，花多为复瓣，在园林中常见，如碧桃等。

44 日本晚樱

学　　名： *Prunus lannesiana* Wils.

科　　属： 蔷薇科李属

产地分布： 原产日本；分布在亚洲、欧洲和北美洲的温暖地带，我国有栽培。

形态特征： 落叶乔木，高达10m，树皮带银灰色，粗糙。小枝较粗壮。叶倒卵状椭圆形，长5～12cm，宽3～6cm，叶缘具尖锐的单或重锯齿，齿尖刺芒状，表面无毛，背面沿叶脉有短柔毛，叶端多呈长尾状渐尖；新叶多呈紫红色，质嫩；叶柄长1～2.5cm，顶端有腺体。花大，径约3cm， 3～6朵成总状花序，花序梗短，花淡红色至白色，有香气，花柄长约2cm，有短柔毛；萼筒管状，带紫红色，外有短柔毛，萼片边缘有细齿，花瓣顶端内凹，花柱近基部有柔毛。核果球形或卵球形，熟时由红色变紫褐色，直径约1cm。花期4～5月，果期6～7月。

生长习性： 喜光，喜温暖湿润的气候，对土壤的要求不严，以深厚肥沃、排水良好的沙质壤土生长最好，根系浅，对烟及风抗力弱，不耐盐碱，对有害气体抗性差。

用　　途： 极具观赏性，适在园林庭院栽植。

繁殖栽培： 以播种、扦插和嫁接繁殖为主。日本晚樱种子量少，不利于大量育苗。扦插不易生根，技术要求较高。扦插时间应选4～7月盛花期进行，在生长健壮的母树上剪取1年生的枝条，每段长15cm，上端要带有当年生新梢，作为插条。基质要选择通透性好，保温效果好的，如颗粒蛭石或颗粒蛭石与珍珠岩混合基质为宜，插前剪去下部叶片，将插条基部2～3cm处插入1000mg/kg萘乙酸溶液中，随蘸随插，扦插深度6～8cm，株行距4cm×4cm。 插后浇透水，遮荫，苗床湿度保持在60%左右，空气相对湿度保持在90%以上；育苗环境温度27～35℃为宜。当插条根系长到6～8cm时及时移栽。苗床以深厚肥沃、排水良好的沙质壤土为好，遮荫保湿。嫁接繁殖可用樱桃、山樱桃的实生苗作砧木。在3月下旬切接或8月下旬芽接，接活后经3～4年培育，即可出圃栽种。

常见病虫害： 流胶病、煤灰病、炭疽病、根瘤病；蚜虫、红蜘蛛、介壳虫。

45 李

学　　名：*Prunus salicina* Lindl.
科　　属：蔷薇科李属
产地分布：全国各地均有分布栽培。
形态特征：落叶小乔木，高5～10m。小枝光滑无毛，红褐色；2年生枝为黄褐色，枝上有时有刺。叶长5～10cm，宽3～4cm，互生，边缘有细密、浅圆钝重锯齿，无毛或下面脉腋间有毛，叶柄长1～1.5cm，无毛，萼筒钟状，裂片卵形，边缘有细齿，花瓣白色，有短柄，先叶开放或与叶同时开放，长圆状倒卵形，雄蕊多数，约与花瓣等长，子房无毛，核果卵球形，直径4～7cm，先端常尖，基部凹陷，有缝合线，无毛，常被蜡粉，核两侧扁平，光滑，稀有沟和皱纹。品种繁多，大多数品种自花不实。
生长习性：李对光照要求不如桃严格，在阳坡和阴坡均能生长良好。
用　　途：优良经济果树，果可生食和加工，核仁可入药。
繁殖栽培：嫁接、实生、分株和扦插，生产上多用嫁接繁殖。
常见病虫害：舟形毛虫、蚜虫、红蜘蛛、刺蛾等。

46 枇杷

学　　名： *Eriobotrya japonica*(Thunb.)Lindl.

科　　属： 蔷薇科枇杷属

产地分布： 原产于中国，四川、湖北有野生，南方各地多作果树栽培；越南、缅甸、印度、印度尼西亚、日本也有栽培。

形态特征： 常绿小乔木，高可达10m。小枝叶背及花序均密生锈色或灰棕色绒毛。叶单叶互生，革质，具短柄或无柄，倒卵形、倒披针形至长椭圆形，先端尖，基部楔形，边缘上部有疏粗锯齿，叶面多皱，亮绿色。花白色，有芳香，圆锥花序顶生。果球形或长椭圆形，熟时呈黄色或橙黄色。花期10～12月，翌年5～6月果熟。

生长习性： 喜光，稍耐荫。喜温暖、湿润的环境，较耐寒。对土壤的适应性很强，沙土、黏土都可栽植，但喜表土富含有机质、稍带黏性、排水良好、地下水位低的微酸性或中性土壤。花期忌风，幼果期畏霜冻。

用　　途： 优良经济果树，果供生食，汁多味美。种子可酿酒及提炼酒精；木材质坚韧，供制木梳、木棒等用材；叶和果实入药，有清热、润肺、止咳化痰等功效；又为极好的蜜源植物，养蜂采蜜质佳。树形宽大整齐，叶大荫浓，初夏结果累累，宜单植或丛植于庭园。

繁殖栽培： 一般采用播种繁殖，秋季采种后即播，也可在晚夏进行软枝扦插。移植时尽量少伤根系，或带土团。定植后要适当重剪，成活后不需精细管理。

常见病虫害： 树干腐烂病、胡麻色斑点病、叶斑病、白纹羽病、炭疽病；枇杷黄毛虫、梨小食心虫、舟形毛虫、天牛、豹纹木蠹蛾等。

47 沙梨

学　　名： *Pyrus pyrifolia* (Burm.f.) Nakai

别　　名： 麻安梨

科　　属： 蔷薇科梨属

产地分布： 产于长江流域以南，华南、西南也有。

形态特征： 落叶乔木，高达7～15m。小枝光滑，紫褐色或暗褐色，幼时被黄褐色长柔毛或绒毛。叶卵状至卵状椭圆形，长7～12cm，宽4～6.5cm，先端长尖，基部圆形或近心形，缘具芒状锐齿，有时齿端微向内曲，光滑或幼时有毛，叶柄长3～4.5cm。伞形总状花序，有花6～9朵，花梗长3.5～5cm，花白色，径2.5～3.5cm，果卵形至近球形，径6～10cm，黄褐色具浅色斑点，无宿萼，肉质多汁，中有石细胞，内果皮为软骨状，种子黑褐色或近黑色。花期4月，果期8～9月。

生长习性： 喜温暖多雨气候，耐寒力较差，耐湿性强，对土壤的适应性强，以土层深厚、土质疏松、透水和保水性能好、地下水位低的沙质壤土为宜。

用　　途： 可作庭园观赏树种。果富含糖、蛋白质、脂肪、碳水化合物及多种维生素，可生食，亦可加工制作梨干、梨脯、梨膏、梨汁、梨罐头等，也可用来酿酒、制醋。梨果有消痰止咳、润肺清心、解毒退热、利尿润便之功效。木材细致，软硬适度，供雕刻印章和制作高档家具。

繁殖栽培： 繁殖多以豆梨为砧木进行嫁接。

常见病虫害： 黑星病、梨锈病、轮纹病、黑斑病；食心虫、星毛虫、叶螨、二叉蚜等。

48 豆梨

学　　名： *Pyrus calleryana* Dcne.

别　　名： 野梨、山梨、鹿梨

科　　属： 蔷薇科梨属

产地分布： 我国华中、华南；中南半岛至日本。

形态特征： 落叶乔木，高3～5m，小枝幼时有绒毛，后脱落。叶片宽卵形或卵形，少数长椭圆状卵形，长4～8cm，宽3～6cm，顶端渐尖，基部宽楔形至近圆形，边缘有细钝锯齿，两面无毛。伞形总状花序有花6～12朵，花序梗、花柄无毛，花柄长1.5～3cm，花白色，直径2～2.5cm，萼筒无毛，萼片外面无毛，内有绒毛，花柱2，少数3，无毛。梨果近球形，果径甚至不足1cm，小巧似豆，褐色，有斑点，萼片脱落。花期4月，果期8～9月。

用　　途： 抗腐烂病能力较强，对生长条件要求不高，故常用作砧木。根、叶、果实均可入药，有健胃、消食、止痢、止咳作用；叶和花对闹羊花、藜芦有解毒作用；果实含糖量达15%～20%，可酿酒；木材坚硬，供制家具及雕刻图章用。

繁殖栽培： 多为野生种，少有栽培。

49 大叶合欢

学　　名： *Albizia lebbeck* (L.)Benth.

别　　名： 缅甸合欢、阔荚合欢、印度合欢、大合欢

科　　属： 豆科合欢属

产地分布： 原产热带亚洲、大洋洲北部。我国南方各省有栽培。

形态特征： 落叶乔木，伞形树冠，株高可达20m，树皮暗灰或浅褐，枝条无毛。偶数羽状复叶，总叶柄近基部处及先端各有一杯形腺体，叶片4～10对，小叶6～10对，对生，刀状长方形，略弯曲，长约3～5cm，宽约1.5cm，两面均无毛。头状花序2～4个，伞房状排列，簇生于叶腋或枝端，总花梗长约5～10cm，萼管状，花绿黄色，花冠5裂，雄蕊多数，花丝细长，梗、萼、冠均被短柔毛。荚果扁长，条状，黄褐色，无毛有光泽，成熟后赤褐色，内有种子1～12粒。花期5～7月，果期8～9月。

生长习性： 喜温暖湿润和阳光充足环境，对气候和土壤适应性强，宜在排水良好、肥沃土壤生长，但也耐瘠薄土壤和干旱气候。

用　　途： 观赏和造林树种，可作绿荫树、行道树。木材可制作家具、支柱等；树皮含鞣质，入药能消肿止痛；对二氧化硫、氯气等有毒气体有较强的抗性。

繁殖栽培： 种子繁殖，采后秋播或沙藏春播；播前用开水浸烫24小时，再换清水浸48小时，捞出置温暖处催芽24小时，露白时播种。

常见病虫害： 黄腐病；吉丁虫、豆毛虫等。

小贴士： 另有合欢属山合欢、合欢等品种，性状有所差异，山合欢开白色花；合欢开淡红色花。

50 银合欢

学　　名： *Leucaena leucocephala* (Lam.)de Wit

科　　属： 豆科银合欢属

产地分布： 原产地为热带美洲，现广布于热带地区，我国台湾、福建、广东、海南、香港、广西、湖南、贵州、四川、云南均有分布。

形态特征： 落叶灌木或小乔木，常生于低海拔的荒地或疏林中，高2～6m，幼枝被短柔毛，老枝无毛，具褐色皮孔，无刺。叶为二回羽状复叶，叶轴被柔毛，托叶小，三角形，羽片4～8对，长5～16cm，在最下一对羽片间有黑色腺体1枚，小叶通常5～15对。头状花序常1～2腋生，直径2～3cm，苞片紧贴、被毛、早落，总花梗长2～4cm；花白色，花萼长约3mm，顶端具5细齿，外面被柔毛，花瓣狭倒披针形，长约5mm，背被疏柔毛；雄蕊10枚，通常被疏柔毛，子房具短柄，上部被柔毛，柱头凹下呈杯状。荚果带状，长10～18cm，宽1.2～1.8cm，顶端凸尖，基部有柄，纵列，被微柔毛，种子6～25粒，褐色，扁平，光亮，长约6mm。花期4～7月，果期8～11月。

生长习性： 喜温暖、湿润、阳光充足的环境，怕霜冻。耐旱又耐涝、耐瘠薄，对土壤要求不严，从中性到微酸性土壤均能生长。花期7月。病虫害少。

用　　途： 可作肥料和柴木等，沿海地区造林树种。银合欢不但生长快，而且通过化感作用影响其他树种的生长，不宜大量种植。枝叶有弱毒性，牛羊啃食过量可导致皮毛会脱落。

繁殖栽培： 种子繁殖。

51 台湾相思

学　　名：*Acacia confuse* Merr.

别　　名：相思树、相思子，台湾树

科　　属：豆科金合欢属

产地分布：原产我国台湾，福建、广东、广西、海南皆有栽培。

形态特征：常绿乔木，高可达15m以上，树干灰色有横纹，枝灰色无刺，种子萌芽时叶为羽状复叶，待叶柄生长后，羽状复叶便逐渐退化，叶柄呈披针形树叶状，边缘平滑，有5～7个纵走的平行脉，头状花序叶1～3个腋生，花瓣淡绿色，雄蕊金黄色，突出，荚果平薄，成熟时深褐色，荚果内的种子约5～7粒，扁圆小豆，褐色，光亮。花期5～7月。

生长习性：喜暖热气候，亦耐低温，喜光，亦耐半阴，耐旱瘠土壤，亦耐短期水淹，喜酸性土。根系发达，根深材韧，抗风力强。病虫害少。

用　　途：木质坚硬，可作纸浆材、人造板、家具；树皮可提取栲胶；树叶可制作饲料。

繁殖栽培：种子繁殖。播前用热水浸烫洗去蜡质后，换清水浸48小时，捞出置温暖处催芽24小时，露白时播种。

52 大叶相思

学　　名：*Acacia auriculiformis* A.Cunn.ex Benth.

别　　名：耳叶相思

科　　属：豆科金合欢属

产地分布：原产澳大利亚北部及新西兰，广东、广西、福建有引种。

形态特征：常绿乔木，树皮灰色或棕色，枝条下垂，小枝绿色无毛，皮孔显著。幼苗期叶为羽状复叶，叶柄长9～12cm，宽1.5～2.5cm，长大后叶片退化，叶柄变为叶片状、镰状长圆形，两端渐狭。革质，具纵向平行脉5～7条。穗状花序1至数枝簇生叶腋或枝顶，长5～6cm，花两性，花瓣长圆形，橙黄色，花萼顶端浅齿5裂，萼花瓣匙形。荚果翠绿色，旋卷弯曲扭成圆环状，成熟时为黑褐色，木质化，种子椭圆形，长6～5.5mm，坚硬，黑色，具光泽，每果内有种子约12粒，种脐大与黄色珠柄相连，易分离脱落。

生长习性：适应性强，生物量高，混交性能好，在各种土壤以及贫瘠、水土流失严重、盐碱和季节性积水的地方均能生长，但较不耐寒。病虫害少。

用　　途：公园和庭园良好的绿荫树，可作行道树和营造防风林、防火林等，是热带地区冬春季节重要的木本饲料之一，花期长，花清香，是极好的蜜源植物，也可用来放养紫胶虫。木材纹理直，结构细密，强度大，耐腐性好，可制作农具和家具。木材燃烧值高，燃烧时烟少，无不良气味，是一种优良的薪炭材树种。木材纤维长，可生产出强度较高的优质纸。

繁殖栽培：种子繁殖。采后秋播或干藏春播，播前用开水浸烫至自然冷却，再换清水浸48小时，捞出置温暖处催芽24小时，露白时播种。

53 马占相思

学　　名：*Acacia aurimangium* Willd.

科　　属：豆科金合欢属

产地分布：原产澳大利亚、巴布亚新几内亚和印度尼西亚。我国海南、广东、广西、福建等地有引种。

形态特征：常绿乔木，树高可达25～30m，主干明显、通直。树皮表面粗厚，呈纵裂，颜色灰棕至褐色。嫩枝青绿、三棱。幼苗长出4～6对羽状复叶后，叶片退化，再长出的叶柄膨大成叶状，长10～25cm，宽5～7cm，宽椭圆形，革质，主脉4条明显，网脉纤细，浅绿色，常具白粉。花灰白至浅黄色，穗状花序，荚果成熟时为不规则螺旋条状，卷曲成团，种子椭圆至卵形，黑色光亮，附有橘黄色珠柄，依附在荚果内。花期9～11月，翌年6～7月种成熟。

生长习性：喜光，喜温暖，不耐霜冻，根深叶茂，生长迅速，生物量大，但抗风力较弱，喜高温多雨气候，根瘤量大，固氮能力强，能适应多种土壤生长。

用　　途：是多用材，兼薪材、纸材、饲料和改壤于一身的树种，可美化环境，涵养水源，还可作为绿化树、行道树；木质坚硬，可做锯木、木模、家具、车板、薪材、纸浆材、人造板等；树皮可提取栲胶，树叶含有较高的蛋白质、维生素、微量元素、天然色素，可制作饲料。

繁殖栽培：常用种子育苗。采后秋播或干藏春播，播前用开水浸烫至自然冷却，再换清水浸48小时，捞出置温暖处催芽24小时，露白时播种。

常见病虫害：白粉病、枯梢病、黑心病、心腐病；小蠹、夜蛾、根结线虫病等。

54 肯氏相思

学　　名： *Acacia auricunninghamii* Hook.

科　　属： 豆科金合欢属

产地分布： 主要分布在热带和亚热带地区，多在非洲和澳大利亚；广东、广西、福建有引种。

形态特征： 常绿乔木，主干通直，无刺，树皮表面灰色，有纵裂，嫩枝青绿、明显棱形，幼苗期可见到二回羽状复叶，随后退化，叶柄呈披针形或宽椭圆形，顶端渐尖，绿色或灰绿色，革质，边缘平滑，具纵向平行脉5～7条，顶端渐尖，长4～7cm，宽1～3cm。花两性，穗状花序，腋生，黄色，雄蕊多数，分离，突出；荚果线形，扁平，长8～15cm，成熟时黑褐色，开裂，种子椭圆至卵形，黑色光亮，附有橘黄色珠柄。

生长习性： 喜光，喜温暖，适应性强，生物量高，混交性能好，在各种土壤以及贫瘠、水土流失严重、盐碱和季节性积水的地方均能生长，但较不耐寒。病虫害少。

用　　途： 可作为行道树和营造防风林、防火林的树种，木材纹理直，结构细密，强度大，耐腐性好，可制作农具和家具。木材燃烧值高，燃烧时烟少，无不良气味，是一种优良的薪炭材树种。木材纤维平均长，可生产出强度较高的优质纸。

繁殖栽培： 常用种子育苗。采后秋播或干藏春播，播前用开水浸烫至自然冷却，再换清水浸48小时，捞出置温暖处催芽24小时，露白时播种。

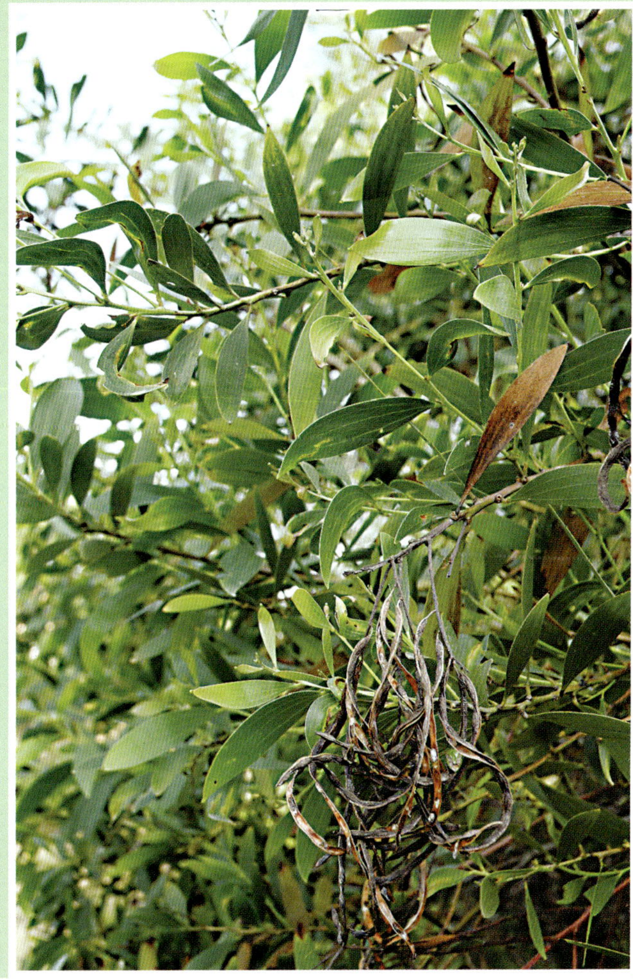

55 厚荚相思

学　　名： *Acacia crassicarpa* CV.

科　　属： 豆科金合欢属

产地分布： 澳大利亚昆士兰东北部，巴布亚新几内亚及印度尼西亚等地，海南、广东、广西、福建等省（自治区）的大部分地区有引种。

形态特征： 常绿乔木，树高约30m，胸径50cm，主干直，树皮红褐色。苗期可见到二回羽状复叶，随后退化，叶柄，颜色灰绿，平滑，弯生呈宽镰刀状，顶端渐尖，长11～22cm，宽3～4cm，平行脉3～7条。花鲜黄色，穗状花序；荚果成熟时棕黑色，木质化，扁平，长椭圆状，厚1～1.5cm，长5～8cm，宽2～4cm，荚面上有明显凸出偏斜条纹，种子黑褐色，长圆形，中间附有一灰白色珠柄与种荚相连。花期10～11月，翌年6～7月果实成熟。

生长习性： 适应海拔800m以下地区。对土壤要求不严，有一定耐瘦瘠能力。速生，适应性强，树干通直，出材率高，生物量大，蓄水、固氮能力强，适做纸浆材、红木家具。

用　　途： 可作为造林绿化树种，生长迅速，木材可供农具、家具、薪炭和造纸之用。抗风性强，适作沿海第二重防护林。

繁殖栽培： 常用种子育苗。采后秋播或干藏春播，播前用开水浸烫至自然冷却，再换清水浸48小时，捞出置温暖处催芽24小时，露白时播种。

56 毛荆相思

学　　名： *Acacia teniana* Harms

科　　属： 豆科金合欢属

形态特征： 常绿小乔木，树皮灰色或棕色，无刺，有纵裂，外形矮小浑圆，灰白色，如蒙霜色。幼苗期可见到二回羽状复叶，随后退化，叶柄呈披针形或宽椭圆形，顶端渐尖，厚革质，3条主脉明显，灰绿色，边缘平滑，长6～10cm，宽4～6cm。穗状花序，3～5支腋生向上，花黄色，雄蕊多数，分离，突出。荚果线形，扁平，长8～15cm，成熟时黑褐色，开裂，种子椭圆至卵形，黑色光亮，附有橘黄色珠柄。

生长习性： 喜光，根深材韧，抗风力强，根系发达，病虫害少。

用　　途： 可作观赏树、荒山绿化树种、薪炭林。

繁殖栽培： 常用种子育苗。采后秋播或干藏春播，播前用开水浸烫至自然冷却，再换清水浸48小时，捞出置温暖处催芽24小时，露白时播种。

小贴士： 大叶类相思约有1200多种。在世界分布极广，以澳大利亚最多约有800多种。惠安引种的相思多为澳大利亚相思，主要有大叶相思、马占相思、厚荚相思、肯氏相思等，在惠安表现最好的是马占相思。相思是一个多用途树种，其木材是建筑、家具、造船、造纸等优质用材。耐瘠薄，有根瘤能固氮，改壤性能好，是荒山、“四旁”绿化、园林、公路的优良绿化树种。它对氟化氢、二氧化硫、氯气抗性强，可作厂矿及污染区的绿化树种。还是良好的蜜源植物和绿肥资源。

57 南岭黄檀

学　　名： *Dalbergia balansae* Prain.

别　　名： 茶丫藤、水相思、南岭檀

科　　属： 豆科黄檀属

产地分布： 浙江、福建、湖南、广东、广西、四川、贵州；越南也有。

形态特征： 常绿乔木，高3～15m，树皮棕黑色，粗糙，纵裂。奇数羽状复叶，小叶13～15个，矩圆形，长1.8～4.5cm，宽1～2cm，先端圆截形，基部圆形或宽楔形，下面有微柔毛，叶轴及叶柄均有疏毛。圆锥花序腋生，总花梗有锈色疏毛或无毛，基生小苞片卵形，长约1mm，有毛，副萼状小苞片早脱，萼钟状，萼齿5，不等长，最下面1齿披针形，较其他4齿长2倍，均有锈色短柔毛，花冠白色，子房密生锈色柔毛。荚果椭圆形，扁平，长6～13cm，基部具长约6mm之柄，通常含1种子，不开裂。花期6～7月，果期11～12月。

生长习性： 中性偏喜光，喜温暖湿润气候。在土层深厚、肥沃、湿润的微酸性红壤或黄壤土生长良好，在较干旱的贫瘠山地生长不良、易衰老。

用　　途： 为优良的紫胶虫寄主树种；木材可用于家具、农具、车工、雕刻等；枝干可生产白木耳。

繁殖栽培： 播种和插条均可。当荚果由黄变黑时采收，立即晾干、干藏，防象鼻虫危害种子，播种期2～4月，播前用水浸3～4小时，条播。

58 艳紫荆

学　　名：*Bauhinia blakeana* STDunn.

别　　名：红花洋紫荆、红花羊蹄甲、香港紫荆花

科　　属：豆科羊蹄甲属

产地分布：我国福建、广东、香港、台湾、广西、云南。

形态特征：常绿乔木，高达15m，树冠广卵形，全株平滑无毛。叶互生，马鞍状圆形，宽约7～11cm，幼株叶片较大，宽往往达15cm以上。花大，艳紫色，直径约10cm，花瓣5片，色极鲜明亮丽，其中4片具有明显脉纹，上方一片则呈深红色，雄蕊仅3枚正常，其余退化为不完全雄蕊，雌蕊1枚。通常不结实。花期在春夏季。

生长习性：喜光，喜温暖湿润气候，对土壤要求不严，以排水良好的砂壤土最好。

用　　途：观赏树种，公园、庭园、行道、工厂、学校广为栽植。丛植、行植、片植均可。

繁殖栽培：艳紫荆不易结籽，宜用洋紫荆为砧木或扦插。扦插方法：在春、夏季，采集1年生充分成熟壮健枝条，长10～15cm，上端截成平面，剪口应在芽眼上1cm处，下端削成斜面，靠近茎节部，用300～500mg/kg浓度的生根粉剂液，加黏土混匀搅成糊状，把剪好的枝段1/2浸泡到糊状泥中，沾上糊泥浆后快扦插，1个月后下切口处有白色小点，这就是根尖，约再过半个月须根长出。

常见病虫害：紫荆角斑病、枯萎病、叶枯病；害虫有大蓑蛾、褐边绿刺蛾、蚜虫等。

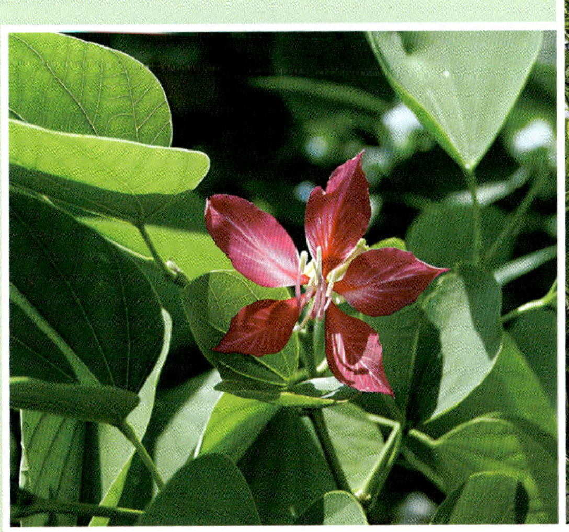

59 洋紫荆

学　　名： *Bauhinia purpurea* L.

别　　名： 紫羊蹄甲、印度樱花

科　　属： 豆科羊蹄甲属

产地分布： 原产印度马列西亚、斯里兰卡；我国广东、福建、海南、台湾广泛分布；越南、印度也有。

形态特征： 半落叶乔木，树干有纵纹。叶革质，单叶互生，全缘，叶端和叶基深裂，成羊蹄型叶状，长阔约为7～12cm，革质，青绿色，背面疏被短柔毛，腹面无毛，通常有脉11～13条，顶端2裂，裂片约为全长的1/3～1/4。总状花序顶生或腋生，长约20cm，花萼管状，单侧开裂成佛焰苞状，被短毛，花瓣倒披针形，花瓣5片，粉红色，花色较浅，花瓣基部收缩，雄蕊3～4枚。荚果扁平，长约20～30cm。花期在冬春季。

生长习性： 喜光和温暖、潮湿环境，不耐寒。喜湿润、肥沃、排水良好的酸性土壤。

用　　途： 观赏树种，宜植于道路两旁和庭院中，花可入药，木材可作家具；树皮含鞣质。

繁殖栽培： 可采用扦插、播种、压条、嫁接等方法进行繁殖，通常采用播种繁殖，扦插在夏、秋季均可进行。播种繁殖，种子需随采随播，覆土宜薄，以不见种子为度。播后浇透水，保持湿润，不能积水。苗长高至20cm左右时，需进行移栽。待植株长到2～3m时，便可出圃定植，定植2～3年后就能开花。

60 羊蹄甲

学　　名：*Bauhinia variegate* L.
别　　名：红花紫荆
科　　属：豆科羊蹄甲属
产地分布：原产印度、马来西亚；我国广东、福建、海南、台湾广泛分布；越南、印度也有。
形态特征：落叶乔木，高5～8m；树皮暗褐色，近无毛，幼枝被灰色短柔毛。叶近革质，广卵形至近圆形，长7～9cm，宽9～11cm，先端2裂至叶长1/4～1/2，裂片先端钝圆，基部浅心形至截形，叶面无毛，背面稍被灰色短柔毛，基出脉9～13条，叶柄长2.5～3.5cm。花序总状或伞房状，顶生或侧生，花大，总花梗短而粗，花萼佛焰苞状，花瓣紫红色、淡红色或白色，倒卵形或倒卵状披针形，有黄绿色或暗紫色斑纹，长4～5cm，具瓣柄，能育雄蕊5，花丝纤细，长约4cm，无毛，退化雄蕊1～5枚，丝状，较短，子房有柄，被短柔毛，花柱长，柱头小。荚果带状，长15～20cm，宽1.5～2cm，扁平，无毛，黑褐色，先端有喙。种子10～15粒，近圆形，扁平，褐色，直径约1cm。花期冬春期间，果期5～8月。
生长习性：喜温暖、湿润、阳光充足的环境。要求肥沃而排水良好的沙质土壤。自然更新力强，能自播繁殖。
用　　途：观赏树种，宜植于道路两旁和庭院中，花可入药，木材可作家具；树皮含鞣质。
繁殖栽培：播种、扦插、嫁接繁殖均可。方法同洋紫荆。

小贴士：羊蹄甲、艳紫荆、洋紫荆的性状相近，极易混淆。主要区别有：

花：羊蹄甲、艳紫荆花有雄蕊5～7枚，雌蕊1枚，洋紫荆有雄蕊3～4枚，雌蕊1枚；颜色艳紫荆最为鲜艳，艳紫色，稍宽而分离；羊蹄甲花较小、粉红至紫、宽而相叠；洋紫荆粉白、窄而分离。

叶：艳紫荆叶片较大较薄，前端较尖；羊蹄甲叶较小较厚，前端较圆；洋紫荆叶片大小介于两者之间。

花期：羊蹄甲花期在冬春季，花期无叶；艳紫荆、洋紫荆花期不落叶，艳紫荆花期在春夏季；洋紫荆花期在冬春季。

果：羊蹄甲荚果短而宽，洋紫荆长而窄，艳紫荆通常不结果。

61 黄花槐

学　　名： *Cassia surattensis* Burm.f.

别　　名： 金花槐、黄花荚槐

科　　属： 豆科决明属

产地分布： 原产印度、斯里兰卡、大洋洲波利尼西亚，现在我国东南部各省及亚洲热带地区都有栽培。

形态特性： 落叶灌木或小乔木，偶数羽状复叶，小叶7～9对，卵形，长2.5～3cm，先端钝或微凹，小叶5对以上，短圆形或椭圆形；托叶狭，早落。腋生总状伞房花序，花鲜黄色，花序长8～12cm，雄蕊5～10枚，全具药。荚果扁平，无明显的节，叶柄和总轴有腺体，念珠状，长7～9cm，宽约1.4cm。花果期全年不断。

生长习性： 喜光，稍能耐荫，能固氮，生长快，宜在疏松、排水良好的土壤中生长，肥沃土壤中开花旺盛。耐修剪，浅根性，不耐风。

用　　途： 观赏树种，可作行道树、景观树，叶可入药，为缓泻剂。

繁殖栽培： 用播种繁殖。

62 腊肠树

学　　名：*Cassia fistula* L.

别　　名：波斯皂荚、阿勃勒、猪肠树

科　　属：豆科决明属

产地分布：原产热带非洲、印度、缅甸和斯里兰卡，我国南方广为栽培。

形态特征：落叶乔木，株高约8～12m。偶数羽状复叶，叶柄及总轴上无腺体，小叶4～8对生，长卵形或长椭圆形，长6～12cm，宽3.5～5cm，先端渐尖而钝，基部短尖，全缘，两面均被柔毛。总状花序疏散下垂，长达30cm以上，花梗细瘦，萼片5，分离，花冠黄色，鲜艳，雄蕊10。荚果筒形长条状，果熟时呈黑褐色，内具黏性，有异味，长30～60cm，有3槽纹，不开裂，内有40～100粒种子，种子间有横隔膜。花期5～8月，果期9～10月。

生态习性：喜光，耐半阴，喜温暖和湿润气候，怕霜冻，喜生长在湿润肥沃、排水良好的中性冲积土，以沙质壤土最佳，忌积水，在干燥瘠薄的壤土中也能生长。病虫害少。

用　　途：为热带优良观赏树，极具观赏性，适作庭园观赏树及行道树。木材坚而重，可作支柱、车辆及农具等。根、树皮、果瓤和种子供药用，为缓下剂，果实含鞣质，树皮可作红色染料。

繁殖栽培：用种子繁殖。种子成熟时，采回捣烂果皮取出种子，播前用开水浸3～5分钟，10天左右发芽，喷药1次以防虫吃叶，以后每10天喷1次，直到移植。在苗期及时除草以保苗。苗高20cm进行第一次间苗，30～40cm进行二次间苗。每年松土2～3次。春至秋季每2个月施肥1次。花期过后应修剪整枝1次。

63 凤凰木

学　　名： *Delonix regia* (Boj.ex Hook.)Raf.

别　　名： 凤凰花、凤凰树、红花楹

科　　属： 豆科凤凰木属

产地分布： 原产马达加斯加岛及热带非洲，现广植于热带各地。我国台湾、福建南部、广东、广西、云南均有栽培。

形态特征： 落叶乔木，树冠开展如伞状。复叶具羽状10～24对，对生，小叶20～40对，对生，近矩圆形，长5～8mm，宽2～3mm，先端钝圆，基部歪斜，表面中脉凹下，侧脉不显，两面均有毛。花萼绿色，花冠鲜红色，上部的花瓣有黄色条纹。荚果木质，长达50cm，花期5～8月。

生长习性： 喜光，喜高温多湿气候，栽培地全照或半日照均能适应，土质须为肥沃、富含有机质的沙质壤土，排水须良好，不耐干旱和瘠薄，不耐寒，抗风，抗大气污染。

用　　途： 园林风景树、绿荫树和行道树，极具观赏特性。材质轻软而松，黄白色。

繁殖栽培： 播种繁殖。播前60～80℃温水浸种24小时后，放在光处盖麻袋催芽，3～5天后露白即可播种。

64 槐树

学　　名：*Sophora japonica* L.

别　　名：国槐、家槐、豆槐

科　　属：豆科槐属

产地分布：原产我国北方，各地都有栽培。

形态特征：落叶乔木，高15～25m。羽状复叶长15～25cm，叶轴有毛，基部膨大，小叶9～15，卵状长圆形，长2.5～7.5cm，宽1.5～5cm，顶端渐尖而有细突尖，基部阔楔形，下面灰白色，疏生短柔毛。圆锥花序顶生，萼钟状，有5小齿，花冠乳白色，旗瓣阔心形，有短爪，并有紫脉，翼瓣龙骨瓣边缘稍带紫色，雄蕊10，不等长。荚果肉质，串珠状，长2.5～5cm，无毛，不裂，种子1～6，肾形。花果期9～12月。

生长习性：为深根性、喜光树种，适宜于湿润肥沃的土壤。

用　　途：可作行道树，并为优良的蜜源植物；花蕾与花含芸香苷、甾醇，果实含刺槐素、槲皮素等多种黄酮类和酚类成分，花蕾可食，为清凉性收敛止血药，槐花可作黄色染料，槐实能止血、降压，根皮、枝叶药用，治疮毒；种子榨油供工业用；木材供建筑或制农具和家具用；对二氧化硫、氯气等有毒气体有较强的抗性。

繁殖栽培：播种繁殖，好品种须嫁接繁殖。种子收后秋播或沙藏60天春播，干存种子播前60℃温水浸种48小时后催芽即可播种。嫁接用实生苗作砧木。1年生幼苗树干易弯曲，应于落叶后截干，翌年培育直干壮苗，要注意剪除下层分枝，以促使向上生长。大树移植时需要重剪，成活率较高。

常见病虫害：槐尺蠖。

65 刺桐

学　　名：*Erythrina corallodendron* L.

别　　名：山芙蓉、木本象牙红、龙牙花

科　　属：豆科刺桐属

产地分布：亚洲热带，我国华南地区及四川栽培较广。主要分布于热带亚洲(中国华南和台湾地区、印度、马来西亚、印度尼西亚、柬埔寨、越南)到大洋洲的波利尼西亚等地。

形态特征：落叶乔木，高达20m。枝上有叶痕及黑色圆锥形直刺。三出复叶互生，常密集枝端，小叶片宽卵形或菱状卵形，长10～15cm。先叶开花，总状花序顶生，密集成对着生的花，花冠鲜红色，长6～7cm。荚果串珠状，肥厚，长达30cm，稍弯曲，种子1～8粒，球形，长约1.5cm，暗红色。花期冬春季。

生长习性：喜强光照，要求高温、湿润环境和排水良好的肥沃砂壤土。性喜高温高湿，不耐寒冷，南方较寒冷年份易受冻害，为喜光树种，稍耐荫，适生于肥沃疏松、湿润的酸性土壤，干旱瘠薄土壤上生长不良。

用　　途：刺桐的花形奇特，花色艳丽，且开花为露地少花的季节，为南方庭院、街道、公园等处的美丽冬花和行道树。

繁殖栽培：播种或扦插法繁殖，扦插于4～5月进行，一两个月即可生根；也可用高压法繁殖。管理粗放，栽培容易。

常见病虫害：溃疡病；刺桐姬小蜂。

66 鸡冠刺桐

学　　名： *Erythrina crista-galli* L.

别　　名： 海红豆、冠刺桐、象牙红

科　　属： 豆科刺桐属

产地分布： 原产南美洲的阿根廷、乌拉圭、巴西与巴拉圭，现各地广为种植。

形态特征： 落叶小乔木，株高2～4m，奇数羽状复叶，长卵形，1回，小叶1～2对，卵形，羽状侧脉；三出复叶，革质。总状花序，腋生，花冠橙红色，旗瓣倒卵形，特化成匙状，与龙骨瓣等长，宽而直立，翼瓣发育不完全，余瓣几成一束，雄蕊花药黄色，裸露。荚果长10～30cm，内有种子3～6枚。花期约4～7月。

用　　途： 行道树、庭园树。

生长习性： 喜光，喜高温湿润气候，适应性强，耐干旱，颇耐寒，抗风，抗大气污染，栽培不择土壤，植于全日照或半日照之地均能生长迅速。

繁殖栽培： 以种子、插条或压条繁殖，用2年生硬枝扦插。

常见病虫害： 刺桐姬小蜂。

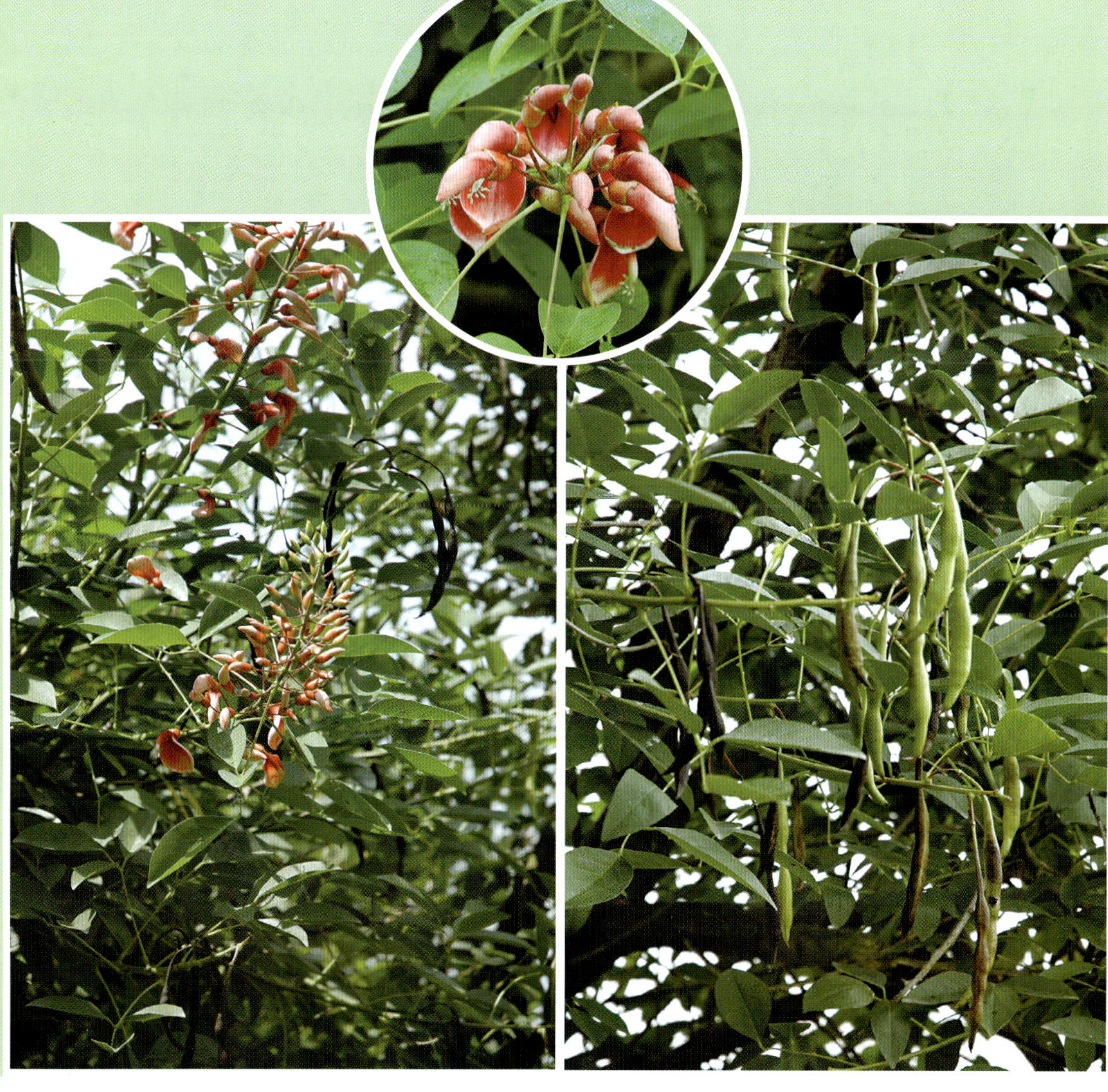

67 杨 桃

学　　名：*Averrhoa carambola* L.

别　　名：五敛子、阳桃、羊桃、敛子、星梨

科　　属：酢浆草科五敛子属

产地分布：原产东南亚，很早引入中国广东、广西、台湾、福建等地。

形态特征：常绿灌木或小乔木，树高5～10m，树干暗褐灰色而平滑，枝条柔软下垂。奇数羽状复叶，小叶5～11枚，对生，夜间对折下垂。锥状花序，花小钟形，花瓣5片，花白色带有紫红色斑，具香气。果实为肉浆果，果形别致，通常具五棱，横切面呈五星状，果实未熟时青绿色，熟时暗黄色，有的品种呈暗红色。种子外有假种皮。

生长习性：生长势弱，喜荫蔽，怕烈日，喜深厚肥沃土壤。果梗细弱，遇风易落果，又不耐低温，一年中持续花芽分化，周年可以开花结果，适合在各种土壤中生长。

用　　途：热带果树，观花、观果均宜，果可供鲜食，亦可加工成干果、蜜饯、果脯、果膏、果酱、果汁、醋、酒等食品。果富含多种人体所需的微量元素，果肉有利尿止痛、祛热解毒、消食解酒、降压舒心之功效。

繁殖栽培：播种、压条、切接或靠接法。种子洗净胶质外种皮，于10月前秋播或保存至翌春播。

常见病虫害：赤斑病、炭疽病；乌羽蛾幼虫、卷叶蛾幼虫、果实蝇、毒蛾幼虫等。

68 簕欓花椒

学　　名： *Zanthoxylum avicennae* (Lam.)DC.

别　　名： 鹰不泊、鸟不宿、山花椒

科　　属： 芸香科花椒属

产地分布： 我国南部的福建、广东、广西。

形态特征： 常绿灌木或乔木，高可达12m，干和枝有皮刺，皮刺三角形，红褐色，水平直出或稍向上弯。奇数羽状复叶，列生，小叶7～23枚，纸质到革质，矩圆形、倒卵状矩圆形或为不对称的菱形，长2～6cm，全缘或沿中部以上有不明显的锯齿，无毛，上面有光泽。伞房状圆锥花序，顶生，花序柄长5～9cm，花单性，萼片5，卵形；花瓣5，淡青色，花小而多，长约2mm，雄花的雄蕊5，退化心皮短小，雌花的雄蕊退化为鳞片，心皮2，分离至基部。果紫红色，有粗大腺点，顶端有极短喙，种子黑色而亮。花期6～8月，果期9～10月。

生长习性： 性喜温暖湿润气候，要求肥沃、疏松、排水良好的壤土。不耐旱，不耐瘠，但比较耐湿。多生于荒地、山坡、溪谷灌木丛中或疏林中。

用　　途： 种子、果及叶含芳香油。以根、叶与果入药，有行气止痛、利水之效。

繁殖栽培： 播种分株均可。

69 甜橙

学　　名：*Citrus sinensis* (L.)Osb.
别　　名：广柑、黄果、橙、广橘
科　　属：芸香科柑橘属
产地分布：我国长江以南各地均有栽培。越南、缅甸、印度、斯里兰卡也有。
形态特征：常绿小乔木，高2～3m，树冠中等大，分枝多，无毛，小枝呈扁压状的棱角，无刺或稍有刺。叶退化呈单叶状，叶柄长0.8～1.8cm，叶翼窄，宽2～3mm，和叶交结处有显明的隔痕，叶片椭圆形，长6～12cm，宽3～5.5cm，先端渐尖，基部阔楔形，边缘有不明显的波状锯齿，革质。花萼杯状，3～5裂，裂片卵圆形，先端窄尖，花瓣4～8，通常为5，长椭圆形，长达1.5cm，宽0.7cm；雄蕊多数，花丝常数簇愈合着生在花盘上；子房上位，10～13室，每室有胚珠4～8枚，子房近球形，花柱粗大，常早落。果大，径长7～9cm，圆形至长圆形，果皮淡黄、橙黄或淡血红色，较韧滑，油泡平生微突，果肉橙黄色至血红色，柔软多汁、有香味，果皮与果肉难剥离，果心小而充实，种子多、少或无，因品种而异，卵形或长圆形，种皮略有肋纹，子叶乳白色，多胚。花期3～5月，果期10～12月。
生长习性：原产热带亚热带，宜温暖、不耐寒、较耐荫，要求土质肥沃，透水透气性好。
用　　途：为我国著名水果之一，可提取植物精油。
繁殖栽培：用播种和嫁接法繁殖。
常见病虫害：溃疡病、炭疽病、疮痂病；潜叶蛾、红蜘蛛、锈蜘蛛、木虱、蟠象、蚜虫、介壳虫等。

70 酸橙

学　　名： *Citrus aurantium* L.

科　　属： 芸香科柑橘属

产地分布： 秦岭南坡以南各地有栽种。

形态特征： 常绿小乔木，枝三棱状，有长刺。叶互生，厚革质，卵状矩圆形或倒卵形，长5～10cm，宽2.5～5cm，全缘或具微波状齿，两面无毛，上有半透明的腺点，叶柄有狭长形或倒心形的翅。花1至数朵簇生于当年新枝的顶端或叶腋，萼片5，花瓣5，白色，有芳香，雄蕊约25枚，花丝基部部分愈合。柑果近球形，径约7～8cm，橙黄色，果皮粗糙，厚，难剥离，油胞大小不均匀，凹凸不平，果肉味酸，有时有苦味或兼有异味，种子多且大，常有肋状棱，子叶乳白色，单或多胚。花期4～5月，果期10～12月。

生长习性： 适宜温暖气候，不耐寒，较耐荫，要求土质肥沃，透水透气性好。

用　　途： 可提取植物精油，果可入药。

繁殖栽培： 播种繁殖。

常见病虫害： 溃疡病、炭疽病、疮痂病；潜叶蛾、红蜘蛛、锈蜘蛛、木虱、蟒象、蚜虫、木虱、介壳虫等。

71 柑橘

学　　名： *Citrus reticulata* Banco

科　　属： 芸香科柑橘属

产地分布： 长江以南各省广泛栽培。

形态特征： 常绿小乔木或灌木，高约3m。小枝较细弱，无毛，通常有刺。叶长卵状披针形，长4～8cm，顶端渐尖，基部楔形，全缘或具细钝齿，叶柄细长，翅不明显。花小，黄白色，单生或簇生叶腋。萼片5，花瓣5，雄蕊18～24，花丝常3～5枚合生，子房9～15室，果扁球形，径5～7cm，橙黄色或橙红色，果皮薄易剥离。春季开花，10～12月果熟。

生长习性： 性喜温暖湿润气候，耐寒性较柚、酸橙、甜橙稍强。

用　　途： 是我国南方主要的果树之一，具有极高的观赏价值和经济收益。果皮即陈皮，药食两用，核仁及叶可活血散结、消肿；种子油可制润滑油、肥皂。

繁殖栽培： 用播种和嫁接法繁殖

常见病虫害： 溃疡病、炭疽病、疮痂病、柑橘根结线虫病、根线虫病；潜叶蛾、红蜘蛛、锈蜘蛛、木虱、蝽象、蚜虫、木虱、介壳虫等。

小贴士： 甜橙、酸橙和柑橘性状的主要区别：

叶： 甜橙、酸橙叶柄有狭长形或倒心形的翅；柑橘通常无叶翅。

枝： 酸橙枝上有长硬刺；柑橘和甜橙枝上通常有短刺或无。

果实： 甜橙、酸橙果实呈球形或卵形，果皮与果肉难剥离，甜橙味香甜，酸橙味酸，有时苦；柑橘果扁球形，果皮与果肉易剥离，味香甜。

72 柚

学　　名： *Citrus maxima* (Burm.) Merr.

别　　名： 文旦

科　　属： 芸香科柑橘属

产地分布： 原产我国热带、亚热带地区。

形态特征： 常绿乔木，树冠圆头形，小枝具棱，嫩梢被柔毛，有长而略硬的刺。叶大而厚，色泽浓绿，阔卵形至阔椭圆形，顶端圆或钝而微凹，基部阔楔形至圆形，边缘具不明显的圆裂齿或全缘，背面沿中脉两侧常被柔毛，翼叶大小差异很大。花通常簇生叶腋间或单生，白色，甜香扑鼻。果大，球形至扁球或梨形，外皮平滑，淡黄色。

生长习性： 性喜温暖湿润气候，要求年平均温度15℃以上，冬无严寒。最低温度以不低于5℃最适宜。降雨量需在1500mm上下，分布均匀。要求肥沃、疏松、排水良好的砾质壤土。不耐旱，不耐瘠，但比较耐湿。

用　　途： 食用，也可入药。柚系常绿、香花、观果树种，观赏价值很高，可植于亭、堂、院落之隅，或植于草坪边缘、湖边、池旁。果肉香甜，可食用。花、叶、果皮可提取芳香油。

繁殖栽培： 繁殖主要用压条和嫁接。

常见病虫害： 溃疡病、炭疽病、疮痂病、柑橘根结线虫病、根线虫病；潜叶蛾、红蜘蛛、锈蜘蛛、木虱、蟠象、蚜虫、木虱、介壳虫等。

73 橄榄

学　　名： *Canariuma album* (Lour.)Rauesch.

别　　名： 青果、白榄、青榄、乌榄

科　　属： 橄榄科橄榄属

产地分布： 分布于亚洲、非洲热带，大洋洲北部，中国、越南、泰国、老挝、缅甸、菲律宾、印度以及马来西亚等。我国主要分布在福建、广东、广西、台湾、四川、云南、浙江南部等地。

形态特征： 常绿乔木，高可达10～25m，幼枝被黄棕色绒毛，很快变无毛，具树脂。羽状复叶有小叶9～15枚，小叶长圆状卵形，纸质至革质，基部稍偏斜，网脉淡黄色，两面明显，下面有小窝点。圆锥花序顶生或腋生，较叶短，花白色，两性或杂性，芳香。核果纺锤形，成熟时黄绿色。花期夏季，果期冬季。

生长习性： 喜光，耐半阴，喜高温湿润气候，耐干旱，抗风力强。

用　　途： 优良果树。橄榄富含钙质和维生素C，既可生食，又可加工。经济价值高，树形优美，可做造林绿化树种，亦为优良的庭园风景树、绿荫树、防风树和行道树。具有多种保健功效，根、果均可入药，具有祛风、行气、止咳、止痛、治骨鲠等功能。

繁殖栽培： 种子繁殖和嫁接。种子洗净果肉后即播或用湿沙层积后春播，也可播前用开水浸种，冷却后连续换水2天后播，橄榄易管难种，大苗定植：起苗和定植勿将根皮弄破，损坏根点；穴内不下基肥，只用容易发根的红黄壤表土，种植时将土压紧压实使根与土壤密切结合，主干入土6cm深即可，顶部用黄泥涂封，主干用稻草包扎，以防止风吹、日晒失水，稻草须离地面10cm，不能与土壤接触，以免招来白蚁危害。小苗定植：以谷雨至立夏较宜。穴内用火烧土、豆科绿肥作基肥，每穴撒0.5kg石灰，防白蚁侵害。种时用表层细土在穴内加水拌成泥浆，将苗植入浆中，使侧根自然伸展，然后盖上细土，压实，使根土充分接触。

常见病虫害： 炭疽病、流胶病、树瘿病、青霉病、褐霉病；木虱、介壳虫、广翅蜡蝉、黑刺粉虱、橄榄天牛等。

74 米仔兰

学　　名： *Aglaia odorata* Lour.

别　　名： 珠兰、米仔兰、树兰、鱼仔兰

科　　属： 楝科米仔兰属

产地分布： 原产福建、广东、广西、云南等地；东南亚也有分布。

形态特征： 常绿灌木或小乔木。树皮灰绿色，平滑，嫩枝常被星状锈色鳞片。分枝多，叶为奇数羽状复叶，小叶3～5枚，倒卵形至长倒卵形，深绿色，端钝圆，基楔形，全缘，两面光亮，叶轴具窄翅。圆锥花序腋生，花细小而繁密，黄色，清香。极少结实，浆果米黄色，广卵形至球形，径约1cm。花期6～9月，果熟10月。

生长习性： 喜温暖湿润，阳光充足，怕干旱。要求肥沃、排水良好的呈中性的土壤，不耐寒。宜疏松，富含腐殖质的微酸性土壤或砂壤土。

用　　途： 米兰树姿秀丽，枝叶茂密，花清雅芳香，是颇受欢迎的花木。

繁殖栽培： 主要用扦插或高压法繁殖。扦插成熟枝、嫩枝均可，要保持湿度，或用生根粉或激素处理后扦插。

常见病虫害： 煤烟病；蚜虫、红蜘蛛、介壳虫等。

75 麻 楝

学　　名：*Chukrasia tabularis* A.Juss.

别　　名：阴麻树、白皮香椿

科　　属：楝科麻楝属

产地分布：产中国海南、广东、广西、云南、西藏、贵州等地。

形态特征：落叶乔木，高达38m，胸径1.7m，树冠卵形。树干通直，树皮灰褐色，小枝赤褐色，具白色皮孔。偶数羽状复叶互生，小叶10～18片，互生，卵形至矩圆状披针形，长7～12cm，全缘。顶生圆锥花序，花黄色带紫。蒴果近球形，灰褐色。花期5～6月，果熟10月至翌年2月。

生长习性：喜光，幼树耐荫，耐寒性差，速生，适生湿润、疏松、肥沃的壤土。

用　　途：麻楝树姿雄伟，适宜用作庭荫树和行道树。

繁殖栽培：播种繁殖。

常见病虫害：楝梢螟。

76 苦楝

学　　名： *Melia azedarach* L.

别　　名： 苦枣

科　　属： 楝科楝属

产地分布： 分布于河南以南，东至台湾省，西至四川、云南、甘肃等省；印度、缅甸也有。

形态特征： 落叶乔木，高15～20m，树冠伞状，树皮灰褐有纵裂。叶2～3回单数羽状复叶，互生，长约20～40cm，小叶卵圆形至椭圆形，长3～7cm，宽2～3cm，边缘有钝锯齿，幼时披星状毛。圆锥花序与叶等长，腋生，花紫色或淡紫色，长约1cm，花萼五裂，裂片披针形，披短柔毛，花瓣5，倒披针形，外面披短柔毛，雄蕊10，花丝合生成筒。核果短矩圆状至近球形，长1.5～2cm，淡黄色，表面具4～5条纵棱，内分4～5室，含种子4～5枚。花期2～4月。

生长习性： 喜光，喜温暖湿润气候，对土壤适应性强，抗污染，生长快，寿命短。

用　　途： 种子油可制油漆、润滑油等；花可蒸芳香油；树皮、叶、果入药，能驱虫、止痛；木材供建筑、家具、枪柄等用材。

繁殖栽培： 播种繁殖。秋季落叶后或早春发芽前均可采种，核果用水浸软果肉，揉搓取出果核即播或收藏春播。

77 川 楝

学　　名： *Melia toosendan* Sieb.et Zucc.

别　　名： 金铃子

科　　属： 楝科楝属

产地分布： 主产四川、云南。

形态特征： 落叶乔木，高达10m。树皮灰褐色，小枝灰黄色。二回羽状复叶互生，总叶柄长5～12cm，羽叶4～5对，小叶5～11，狭卵形，长4～10cm，宽2～4cm，先端渐尖或长渐尖，全缘或少有疏锯齿。圆锥花序腋生，花萼5～6裂，花瓣5～6，淡紫色，雄蕊10～12，花丝合生成筒，子房上位，瓶状，6～8室。核果球形或卵形，直径约3cm，黄色或栗棕色，有6～8条纵棱，内分6～8室，每室含黑棕色长圆形的种子1粒。气特异，味酸、苦。花期4～5月，果期10～12月。

生长习性： 喜光，喜温暖湿润气候，生长快，抗污染，速生。

用　　途： 木材供建筑、家具，果实含川楝素、生物碱、山萘醇、树脂、鞣质，可入药，具行气止痛、杀虫功效，用于胸肋腹痛、疝痛、虫积腹痛。

繁殖栽培： 播种繁殖。秋季落叶后或早春发芽前均可采种，核果用水浸软果肉，揉搓取出果核即播或收藏春播。

小贴士： 苦楝与川楝的区别：

叶： 苦楝树叶有钝锯齿，川楝树叶全缘或少有疏锯齿。

果实： 苦楝果实椭圆形或长椭圆形，果实长1～2cm，直径0.8～1.5cm；川楝果实球形或卵形，直径约3cm，川楝的果实要比苦楝的大得多。

78 桃花心木

学　　名： *Swietenia mahogany* (L.)Jacq.

科　　属： 楝科桃花心木属

产地分布： 原产热带美洲，现广东、广西、云南、福建、台湾各地有栽培。

形态特征： 常绿乔木，树高可达15m以上，树冠强壮，高达30m，树冠圆球形，树皮红褐色，片状剥落。偶数羽状复叶，小叶6～12，卵形或卵状披针形，长11～19cm，两侧不对称。圆锥花序腋生，长13～19cm，花小、黄绿色。蒴果木质，卵状矩圆形，栗褐色。种子具翅膀，飘落如螺旋桨。花期3～4月，果翌年3～4月成熟。

生长习性： 喜光，喜温暖湿润气候，宜土层深厚、肥沃、排水良好的砂壤土。主根发达，约10年生开始出现板根，抗风力强。

用　　途： 桃花心木枝叶繁茂，树形美观，是优良的庭荫树和行道树。木材质地密致而且有光泽，红色，抗虫蚀，是世界名贵木材，可用来制造高档家具、军舰、舟车、农具等。

繁殖栽培： 播种繁殖。

79 石栗

学　　名：*Aleurites moluccana* (L.)Willd.
别　　名：烛果树
科　　属：大戟科石栗属
产地分布：产中国广东、海南、广西及云南等地
形态特征：常绿乔木，高达15m，树皮黑灰色，幼枝密被绣色星状毛。叶互生，叶卵形至心形，长10～20cm，有时掌状三裂，正面深绿色，有光泽，叶背灰白色，被星状毛。圆锥花序顶生，长10～15cm，花小，白色，单性同株。核果圆球形，径5～6cm，具纵棱，木质种皮，坚硬如石，内藏种子1～2粒。花期3～4月，果期9～11月。
生长习性：喜阳光充足、土壤湿润肥沃，不耐寒。萌芽力强，深根性，速生，抗风，耐旱。
用　　途：多作庭园树栽植，也可用作行道树；种子可榨油供工业用。
繁殖栽培：播种繁殖。采种后除去果肉，沙藏至翌年春播。

80 秋枫

学　　名： *Bischofia javanica* Bl.

别　　名： 常绿重阳木

科　　属： 大戟科秋枫（重阳木）属

产地分布： 产亚洲热带及中国南部。印度、中南半岛、印度尼西亚、菲律宾、日本、澳大利亚等国亦产。

形态特征： 常绿或半常绿乔木，高可达40m，树皮褐红色，光滑。三出复叶互生，小叶卵形或长椭圆形，长7～15cm，革质，边缘有浅圆锯齿，先端渐尖，基部楔形，缘具粗钝锯齿（每厘米2～3个）两面光滑无毛，绿色。圆锥花序，花单生，淡绿色，雌雄异株，腋生，下垂。浆果球形，熟时暗红褐色，种子黑褐色而有光亮。花期3～4月。

生长习性： 喜光，稍耐荫，喜温暖而耐寒力较差，对土壤要求不严，能耐水湿，根系发达，抗风力强，在湿润肥沃壤土上生长快速。

用　　途： 宜栽作庭荫树、行道树及堤岸树。材质优良，坚硬耐用，深红褐色，供建桥梁、车辆、造船等用。

常见病虫害： 重阳木斑蛾、乌桕黄毒蛾。

81 重阳木

学　　名： *Bischofia polycarpa*（Levl.）Airy－Shaw

别　　名： 红桐、茄苳、水红木

科　　属： 大戟科秋枫（重阳木）属

产地分布： 为中国原产树种。主产长江以南各地。

形态特征： 落叶乔木，高达10m，树皮棕褐或黑褐色，纵裂。全株光滑无毛，三出复叶互生，具长叶柄，叶片长圆卵形或椭圆状卵形，长6～14cm，宽4～7cm，先端突尖或渐尖，基部圆形或近心形，边缘有钝锯齿，每厘米4～5个，两面光滑；叶柄长4～10cm。腋生总状花序，花小，淡绿色，有花萼无花瓣，雄花序多簇生，花梗短细，雌花序疏而长，花梗粗壮，有2(稀至3)。果实球形浆果状，径0.5～0.7cm，熟时红褐或蓝黑色，种子细小，有光泽。花期4～5月，果期10～11月。

生长习性： 喜光也稍耐荫，喜温暖湿润的气候和深厚肥沃的沙质土壤，对土壤的酸碱性要求不严。较耐水湿，抗风、抗有毒气体。适应能力强，生长快速，耐寒能力弱。

用　　途： 是良好的庭荫和行道树种。根、叶可入药。种子含油量约30%，油有香味，可以食用，也可作润滑油；木材较坚硬，质重，是良好的建筑用材。

繁殖栽培： 以种子繁育为主，采收熟果浸水，搓去果皮果肉，洗净阴干后干藏或沙藏春播。

常见病虫害： 重阳木斑蛾、乌桕黄毒蛾。

小贴士： 秋枫、重阳木两种极为相近，常相混，主要区别是：秋枫是圆锥花序，重阳木是总状花序；秋枫为常绿乔木，重阳木为落叶乔木；秋枫小叶基部楔形，叶缘锯齿粗，每厘米2～3个；重阳木小叶基部圆形或近心形，边缘有钝锯齿，每厘米4～5个；秋枫果实较大，直径0.8～1.5cm；重阳木果实径0.5～0.7cm；秋枫花期2～3月，重阳木花期4～5月等。

82 粗糠柴

学　　名： *Mallotus philippinensis* (Lam.)Muell.Arg.

别　　名： 红果果、香桂树、香檀、痢灵树、吕宋楸、大检子

科　　属： 大戟科野桐属

产地分布： 产印度、大洋洲北部、菲律宾及我国华南和台湾各地。

形态特征： 常绿灌木或小乔木，幼嫩枝、叶及花序均被褐锈色柔毛。叶互生，长椭圆形至卵状披针形，长7～16cm，宽2.5～6cm，基部浑圆，先端渐尖，基出三脉明显，全缘或波状钝齿，表面绿色，平滑，近基部有腺体2个，背面灰绿色，被细毛，并散生红色腺点。花黄绿色，小型，单性异株，花轴密被短毛，无花瓣，雄花集聚成顶生或腋生穗状花序，裂片4～5片，雄蕊多数，雌花萼筒状，4～5齿裂，子房上位，3室，有红色腺点。蒴果近球形，稍扁，外面密被红色粉状毛茸。

生长习性： 喜光也稍耐荫，喜温暖湿润的气候和深厚肥沃的土壤，适应能力强，生长快速。常见于山坡、林缘、路旁灌丛中。

用　　途： 木材黄褐色或淡红褐色，质地轻软，可制造各种小型器具；果实红艳，可以用来做工业染料；根和果实表面的腺毛及毛茸入药，根清热利湿，用于急、慢性痢疾，咽喉肿痛；果上腺体粉末用于驱除绦虫药。

繁殖栽培： 用播种、扦插、分蘖等法繁殖。

83 余甘子

学　　名：*Phyllanthus emblica* L.

别　　名：庵摩勒、油甘子、牛甘果

科　　属：大戟科叶下珠属

产地分布：产于亚热带和热带；分布于福建、台湾、广东、海南、广西、四川、贵州、云南等地。

形态特征：落叶小乔木或灌木，高3～8m。树皮灰白色，薄而易脱落，露出大块赤红色内皮。叶互生于细弱的小枝上，2列，密生，极似羽状复叶，近无柄，落叶时整个小枝脱落，托叶线状披针形，叶片细长方形或线状长圆形，长1～2cm，宽3～5mm。花簇生于叶腋，花小，黄色，单性，雌雄同株，具短柄，每花簇有1朵雌花，每花有花萼5～6片，无瓣，雄花花盘成6个极小的腺体，雄蕊3，合生成柱，雌花花盘杯状，边缘撕裂状，子房半藏其中。蒴果肉质，扁球形或球形，径约1.5cm，圆而略带6棱，初为黄绿色，成熟后呈赤红色，味先酸涩而后回甜。内果皮黄白色，硬核状，表面略具6棱，背缝线的偏上部有数条维管束，干后裂成6瓣，种子6颗，近三棱形，棕色。花期4～5月，果期9～11月。

生长习性：喜温暖湿润气候，怕寒冷，遇霜容易落叶、落花，甚至冻坏嫩枝条。对土壤要求不严，南方各类山地均可种植。以向阳山坡、梯田和园地栽培为宜。

用　　途：余甘子是一种高膳食纤维，低能量的食物，且富含维生素C和钙质，含硒和其他的微量元素。其味甘、寒、无毒，有补益强气、清凉解毒，消食健胃，抗氧化、抗衰老之功效，久服轻身延年益寿，具有极高的营养和医用价值。

繁殖栽培：用播种、嫁接繁殖。

84 山乌桕

学　　名： *Sapium discolor* (Champ.ex Benth.)Muell.Arg.

科　　属： 大戟科乌桕属

产地分布： 分布于广东、广西、云南、贵州、江西、浙江、福建及台湾。

形态特征： 落叶小乔木或灌木，高可达14m，树干通直，树皮干滑。叶互生，椭圆状卵形，长5～10cm，宽2.5～5cm，纸质，全缘，下面粉绿色，叶柄细，长2～5cm，顶端有两小腺体。穗状花序顶生，长4～9cm，花单性，雌雄同株，无花瓣及花盘，雄花在上，雌花少数，单生于花序基部苞叶内，雄花花萼杯状，顶端不整齐齿状裂，雄蕊2，雌花生在花序的近基部，萼片3，三角形，花柱3，基部合生。蒴果黑色，宽卵形，直径1～1.5cm，成熟时分裂成2～3分果瓣。种子球形，外层有白色蜡质假种皮。

生长习性： 喜深厚湿润土壤，较耐旱，病虫少，适应性强。生于山坡或山谷林中。

用　　途： 优良的水源林树种、蜜源和油料植物。秋冬季节，山乌桕的叶子由绿变红，是非常好的园林绿化树种。

繁殖栽培： 播种繁殖。

85 乌 桕

学　　名： *Sapium sebiferum* (L.) Roxb.

科　　属： 大戟科乌桕属

产地分布： 分布很广，自山东以南各地均有分布。

形态特征： 落叶乔木，高达15m，有乳汁。叶片菱形至菱状卵形，长和宽均3～8cm，顶端短尖或渐尖，全缘，叶柄细，长2.5～6cm。穗状花序顶生，雄花在上部，雌花在基部，雄花小，10～15朵生一苞内，花萼杯状，3浅裂，雌花萼3裂，子房3室，花柱基部合生，柱头外卷。蒴果木质，梨状圆球形，直径1～1.5cm，种子近圆形，黑色，外有白蜡层。花期6～7月，果熟期10～11月。

用　　途： 乌桕为“四旁”常见树种，生长迅速，秋季树变为橙黄或红色，颇为美观，多植于路旁，田埂或山坡上；根皮含花椒素；叶含异槲皮甙、鞣质、乌桕苦味质；种子含脂肪油，油内有棕榈酸、月桂酸、肉豆蔻脂酸和珠光脂酸等；种子能取蜡、榨油，可制蜡烛、肥皂和油漆等；叶可做黑色染料；叶和根皮可入药，能消肿解毒，利尿泻下，并有杀虫的效能；树皮和叶可提制栲胶，含量约10%；木材坚韧细致，淡黄色，不翘不裂，适宜作雕刻器具。

繁殖栽培： 一般用播种法，优良品种用嫁接法。也可用埋根法繁殖。

常见病虫害： 樗蚕、刺蛾、大蓑蛾。

86 三年桐

学　　名： *Vernicia fordii* (Hemsl.)Airy Shaw

别　　名： 油桐树、光桐、桐子树

科　　属： 大戟科油桐属

产地分布： 分布于我国长江流域及以南地区，垂直分布在海拔1000m以下之低山丘陵地区。

形态特征： 落叶乔木，株高可达12m，小枝平滑无毛。叶互生，心形或阔卵形，长10～20cm，先端短渐尖，基部截形至浅心形，全缘或呈2～5浅裂，掌状5～7出脉，叶柄长10～20cm，叶基部之二腺体扁圆且无柄（千年桐有二杯状而具柄之腺体）。雌雄同株，总状花序顶生，花冠白色，倒卵形，五瓣，中心红黄色，长2～3cm。核果圆形，径约4～8cm，上下凸尖，形似陀螺，表面光滑（千年桐果实表面有皱折）。花期4～7月。

生长习性： 喜光，亦耐荫，在侧荫处能枝繁叶茂，但开花结实很少。稍耐寒，喜肥沃、排水良好的土壤，不耐干旱、瘠薄、水湿。不耐移植，对二氧化硫污染较为敏感，根系浅，生长快，寿命短。

用　　途： 我国的主要木本油料植物，种子可榨桐油，桐油具有干燥快、比重轻、光泽度好、附着力强、耐热、耐酸、耐碱、防腐、防锈、不导电等特性，是重要化工原料，用途极为广泛；木材可作家具、木屐、牙签、火柴棒等。根、树皮可供药用，拔脓生肌，消肿解毒，治疗疮、蠊疮、冻疮。桐花如雪，极其美观，可作园林绿化树。

繁殖栽培： 播种繁殖。种子采收后贮藏至翌年春播，播前需用温水浸种催芽。

87 千年桐

学　　名： *Vernicia montana* Lour.

别　　名： 木油桐、皱桐、广东油桐

科　　属： 大戟科油桐属

产地分布： 长江流域以南有栽培。

形态特征： 落叶乔木，高10～18m。树皮黄褐色，平滑。叶互生，心形或阔卵形，长10～20cm，宽8～20cm，顶端渐尖，基部心形或截平，全缘或呈4～7裂，叶子基部的腺体有柄。花白色或有红色脉纹，雌雄异株，偶有同株，雌花序常呈总状排列和圆锥花序排列，每花序有小花20～60朵，雄花序的小花常达300多朵。核果，球形，扁圆形或三角状卵圆形，果实表面有皱纹，果皮脆壳质，不开裂，内有种子3～5颗。花期3～5月，果期8～9月。

生长习性： 喜光植物，需强光，耐热、耐旱、耐瘠，但不耐寒，幼树耐荫，生长速度快，不需修剪，萌芽强，成树难移植。

用　　途： 种子可榨油，千年桐油质量略逊于三年桐油，为防水、防腐剂；木材质轻，可制家具。优良的园景树、行道树、遮荫树、林浴树。

繁殖栽培： 主要以播种的方法繁殖，种子采收后将种子硬壳打破马上播种，约40～80天发芽。

88 杧果

学　　名： *Mangifera indica* L.

科　　属： 漆树科杧果属

产地分布： 热带果树，原产于亚洲东南部热带地区。

形态特征： 常绿乔木，树冠球形，枝叶茂密，具白色乳液及叶片搓揉后有特殊香味。叶聚生枝顶，单叶互生，革质，有光泽，长椭圆状披针形，顶端短尾状，基部阔楔形，边全缘或呈波状。圆锥花序顶生，被柔毛，花小，黄色或淡红色，萼片、花瓣均5枚，花盘肉质，5裂。花后结核果，果大，核果椭圆形或肾形，微扁，夏季成熟时淡绿色或黄色，内果皮坚硬，并覆被粗纤维，内藏种子1枚。

生长习性： 喜光，幼苗喜荫，喜温暖，耐高温，能耐43℃高温，不耐寒。对土壤要求不严，除土质特别黏重、土层太薄外，几乎各种土壤都能栽培，以深厚肥沃、排水良好的壤土最好。

用　　途： 杧果具有较高的营养价值和食用价值。杧果树栽培容易、生长快、结果早、产量高、收获期长。果肉美观、鲜艳、嫩滑，风味独特，素有“热带果王”的美称。

繁殖栽培： 播种、嫁接、压条繁殖。杧果种子不耐贮藏，7～10天即丧失发芽能力，应尽快播种。播种前，剪开种子上端剥壳取种仁，剥出的种仁应在当天播种或进行湿沙埋藏催芽，至幼根长出时才播种。

常见病虫害： 炭疽病、白粉病、流胶病、叶焦病；横纹尾夜蛾、叶瘿蚊、蓟马、橘小实蝇和天牛等。

89 黄连木

学　　名： *Pistacia chinensis* Bunge

别　　名： 楷木、楷树、黄楝树、药树、药木、黄华、石连、黄木连、木蓼树、鸡冠木、洋杨、烂心木、黄连茶

科　　属： 漆树科黄连木属

产地分布： 黄连木原产我国，分布很广。我国黄河流域以南均有分布，散生于低山丘陵及平原，常与黄檀、化香、栎类树种混生。

形态特征： 落叶乔木，高达25m，树冠开阔，各部分都有特殊气味。叶互生，偶数羽状复叶，小叶10～14枚，卵状披针形，长5～8cm，宽约2cm，入秋变鲜红色或橙红色，冬芽红色。花单性，雌雄异株，雄花排成密总状花序，长5～8cm，雌花排成疏松的圆锥花序，长18～22cm，花小，无花瓣。核果倒卵圆形，直径约6mm，端具小尖头，黄白色，成熟时红色、紫蓝色，内有种子1粒，果实铜绿色的为实种，红色的为空粒种。花期3～4月，9～10月果实成熟。

生长习性： 喜光，不耐严寒。对土壤要求不严，耐干旱瘠薄，在酸性、中性、微碱性土壤上均能生长。对二氧化硫和烟的抗性较强，抗病力也强。

用　　途： 木本油料、用材树种、“四旁”绿化树种；环孔材，边材宽，灰黄色，心材黄褐色，材质坚重，纹理致密，结构匀细，不易开裂，气干容重0.713g/m^3，能耐腐，钉着力强，可供建筑、车辆、农具、家具等用；果壳含油量3.28%，种子含油量35.05%，种仁含油量56.5%，可提取生物柴油；叶含鞣质10.8%，果实含鞣质5.4%，可提制栲胶；树皮及叶药用；根、枝、叶、皮可制农药；鲜叶可提取芳香油；嫩叶可代茶，还可腌食。

繁殖栽培： 当核果由红变为铜绿色时就要及时采收，除去果柄和穗枝，用水选法漂去红色空粒果实，再用10%的石灰水浸泡2～3天，揉搓洗涤，除去果皮蜡质，晾干后播种或贮藏。秋季随采随育或沙藏后在翌春播。

常见病虫害： 病害少，虫害多，主要有黄连木种子小蜂和木尺蠖。

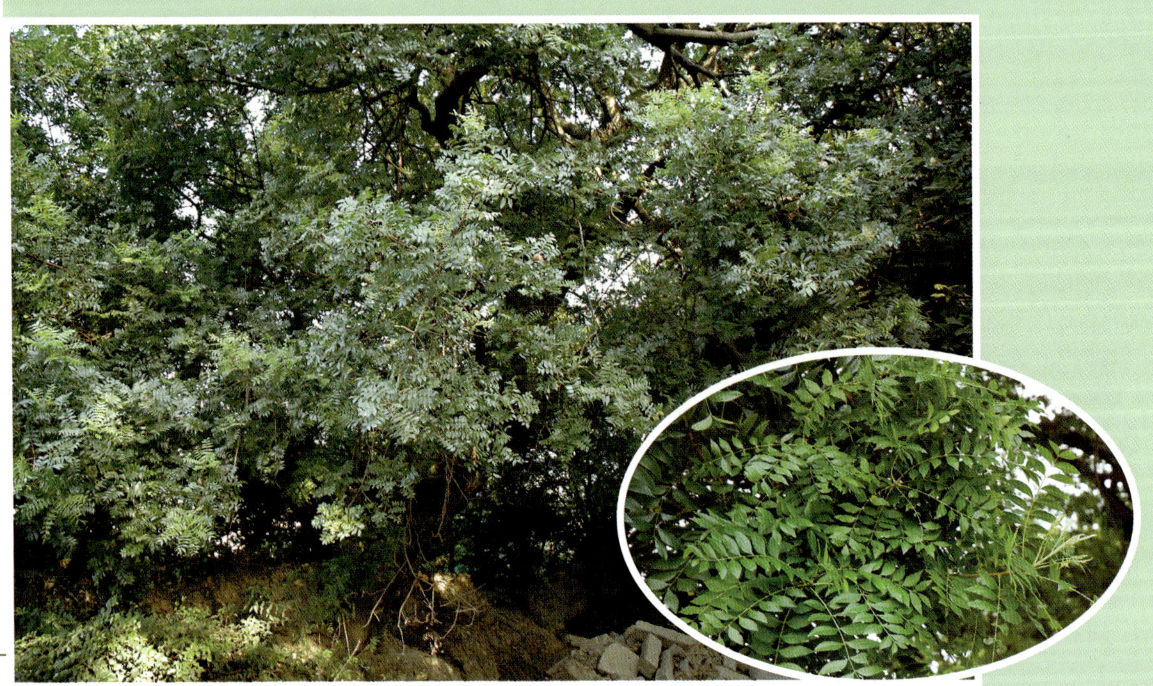

90 盐肤木

学　　名： *Rhus chinensis* Mill.

别　　名： 五倍子树

科　　属： 漆树科盐肤木属

产地分布： 除新疆、青海外，全国均有分布。

形态特征： 落叶小乔木或灌木，高5～6m，枝开展，密布皮孔和残留的三角形叶痕。奇数羽状复叶，小叶7～13，叶轴和叶柄常有狭翅，小叶无柄，卵形至卵状椭圆形，长6～12cm，宽4～6cm，顶端急尖，基部圆形至楔形，边缘有粗锯齿，背面有棕褐色柔毛。圆锥花序顶生，花序梗密生棕褐色柔毛，花乳白色。核果扁圆形，红色，有细柔毛。花期8～9月，果期10月。

生长习性： 喜温暖湿润气候，也能耐一定寒冷和干旱。对土壤要求不严，酸性、中性或石灰岩的碱性土壤上都能生长，耐瘠薄，不耐水湿。根系发达，有很强的萌蘖性。

用　　途： 为五倍子的寄生树，含鞣质、树脂、脂肪、淀粉，可供药用，亦为染料和鞣革的重要原料。嫩茎叶可作为野生蔬菜食用，又可作为养猪的饲料；是初秋的优质蜜源树。

繁殖栽培： 繁殖用分蘖、播种、扦插、压条均可，以扦插繁殖为主。用40～50℃温水加入草木灰调成糊状，搓洗盐肤木种子。播种以春播为宜，播前用清水掺入10%浓度的石灰水搅拌均匀，将种子放入浸泡3～5天后摊放在簸箕上，盖上草帘，每天淋水一次，待种子露白后，方可播种。

91 野漆树

学　　名：*Toxicodendron succedaneum* (L.)O.Kuntze

科　　属：漆树科漆树属

别　　名：木蜡树、洋漆树

产地分布：分布于华北、华东、中南、西南及台湾等地。

形态特征：落叶灌木或小乔木，高达10m。小枝粗壮，无毛，顶芽大，紫褐色，外面近无毛。奇数羽状复叶互生，常集生于小枝顶端，无毛，长25～35cm，有小叶9～15，叶轴和叶柄圆柱形，叶柄长6～9cm，小叶对生或近对生，小叶柄长2～5mm，叶片长圆状椭圆形、阔披针形或卵状披针形，长5～10cm，宽2～5.5cm，先端渐尖或长渐尖，基部少偏斜，圆形或阔楔形，全缘，两面无毛，叶背常具白粉，侧脉15～22对，弧形上升，两面略突。圆锥花序长7～15cm，为叶长之半，多分枝，无毛，花小，单性异株，黄绿色，径约2mm，花梗长约2mm，花萼裂片阔卵形，先端钝，长约1mm，花瓣5，长圆形，先端钝，长约2mm，中部具不明显的羽状脉，雄蕊5，伸出，花丝线形，长约2mm，花药卵形，长约1mm，花盘5裂，子房球形，径约0.8mm，无毛，花柱1，短，柱头3裂，褐色。核果大，偏斜，径7～10mm，压扁，先端偏离中心，外果皮薄，淡黄色，无毛，中果皮厚，蜡质，白色，果核坚硬，压扁，干时有皱纹。

生长习性：喜光，以湿润肥沃，排水良好的黄壤土为最适宜，偏酸性的沙质壤土上发育最好，也能生长在较干旱的土壤上。

用　　途：叶和茎皮含鞣质，可提取栲胶；果皮含蜡质，可制蜡烛；种子油可制肥皂；根、叶和果供药用，能解毒、止血、散淤、消肿，主治跌打损伤。秋霜后叶色红艳，极其美观，但因有人会过敏，不适在庭园栽植，只适作野外观赏树种。

繁殖栽培：播种繁殖。播前用开水烫种、温水浸泡进行催芽。

常见病虫害：叶锈病、褐斑病、漆斑病、煤污病、花叶病、梢枯病、根腐病；漆树叶甲等。

92 铁冬青

学　　名：*Ilex rotunda* Thunb.

别　　名：马口树、白银香、救必应、熊胆木

科　　属：冬青科冬青属

产地分布：中国、韩国、日本及中南半岛。

形态特征：常绿乔木，树皮淡绿灰色，平滑，内皮黄色，茎枝灰绿色，圆柱形，有棱。单叶互生，叶片椭圆形或卵圆形，先端短尖，基部楔形，全缘，薄革质，上面深绿色，有光泽，下面淡绿色，两面均无毛，侧脉6～8对，埋于叶肉间而不明显，中脉显著，有短叶柄。花单性，雌雄异株，聚伞花序或簇生花序腋生，无毛，花黄白色，雄花4～6枚，雄蕊花丝短，雌花5～7枚，子房球形，芳香。果为浆果状核果，长6～8mm，熟时有光亮，深红色，顶端有宿存花柱，果内有种子5枚，背部有3条纹和2浅槽，内果皮近木质。花期3～4月，果成熟期11月。

生长习性：中性，喜温暖湿润气候，耐干旱瘠薄，抗大气污染。

用　　途：为优良观果树种，适宜庭园观赏树，根、叶、树皮可入药，树皮可提取鞣质。

繁殖栽培：播种繁殖。12月采收果实，揉搓去果肉，用水漂出种子，用湿沙低温贮藏一年，由于种子很小，播种时须将种子与草木灰或细土混合均匀撒播。

常见病虫害：病虫害较少，只有食叶性昆虫危害中上部嫩叶，可用80%敌敌畏1500倍液喷杀进行防治。

93 龙眼

学　　名： *Dimocarpus longan* Lour.

科　　属： 无患子科龙眼属

产地分布： 华南地区。

形态特征： 常绿乔木，高可达20m，胸径1m以上，板状根较明显，树皮黄褐色，粗糙，薄片状脱落。偶数羽状复叶，小叶对生或互生，薄革质，长圆形或长圆状披针形，长6～15cm，宽2.5～5.0cm，先端急尖或稍钝。圆锥花序顶生和腋生，长12～15cm，花杂性，簇生，黄白色，花萼5裂，花瓣5，雄蕊8，着生花盘内侧，子房无柄，2～3室，密被长柔毛，有小瘤体，柱头2～3裂。果核状，球形，果皮干时脆壳质，不开裂；种子球形，褐黑色，有光泽，为肉质假种皮所包围。花期3～4月，果期7～8月。

生长习性： 喜温忌冻，年均温20～22℃较适宜，对低温敏感，通常年均温<17.5～18℃，最冷月均温<10℃，绝对低温<－5℃，龙眼难作经济栽培。较耐旱，最适年降水总量为1000～1600mm，对土壤适应性强。

用　　途： 南方著名果树，果实鲜美，营养丰富，可鲜食，可加工，龙眼干和鲜果可作为食疗、药膳的主要材料；根、叶、花和果核均可入药；花期长，花量多，蜜量大，可作蜜源树；树皮和根富含单宁，可为鞣料或染料；木材坚实，纹理优美，为高档家具用材；树姿优美，适作“四旁”绿化树种。

繁殖栽培： 育苗、压条、嫁接。种子随采随育或沙藏至翌春播种，实生苗可作为砧木，苗20cm左右切断主根，促进侧根生长，移植时应带土球。

常见病虫害： 炭疽病、霜霉病、鬼帚病、叶斑病；蒂蛀虫、蜷象、尺蠖、卷叶蛾、角颊木虱、金龟子、天牛、茶材小蠹等。

94 荔 枝

学　　名： *Litchi chinensis* Sonn.

别　　名： 高枝丹木荔

科　　属： 无患子科荔枝属

产地分布： 中国华南特产，福建、广西、广东及云南东南部均有分布，四川、台湾有栽培。

形态特征： 常绿乔木，树体高大，主干粗大，树皮粗糙成微龟裂状，灰白色、灰褐色或黑褐色，树表皮的色泽和糙度因品种而异。偶数或奇数羽状复叶，小叶2～5对，对生或互生。椭圆形或披针形或卵圆形，长5～16cm，宽2～5cm，柄短，先端渐尖或急尖，叶基圆形或楔形，全缘，革质，具光泽，叶面绿色，叶背淡青白色，叶背主脉凸起，侧脉不明显，叶面主脉、侧脉均不明显。聚散圆锥花序，有雌花、雄花、两性花和变态花4种。雌花、雄花数量多，两性花、变态花数量较少。果实形状因品种而异，有心形、椭圆形、卵形、圆形及中间形，青绿色，成熟后呈鲜红、紫红、暗红等色，果皮有隆起的块状和陷下的纹沟形成的龟裂片，果实纵径2.6～3.8cm，横径2.1～4.5cm，平均单果重7.4～84.6g。种子椭圆形或牙形（不育），棕褐色，有光泽，为肉质假种皮所包围。

用　　途： 南方著名果树，果实鲜美，营养丰富，适量品尝对身体有一定裨益，但体质虚弱者及肝病、肾病、糖尿病、胃肠病患者不可多食。根和果核可入药，治疝气、胃痛。木材优良，为名贵用材。树姿优美，适作“四旁”绿化树种。

繁殖栽培： 嫁接、压条、播种。种子不可久存，以随育为宜，砧木用实生苗。

常见病虫害： 霜霉病、炭疽病、酸腐病、煤烟病、苔藓；蒂蛀虫、蝽象、瘿螨、叶瘿蚊、尺蠖、卷叶蛾等。

95 枣

学　　名：*Zizyphus jujube* Mill.

别　　名：红枣、小枣

科　　属：鼠李科枣属

产地分布：原产我国，全国各地均有栽培。

形态特征：落叶灌木或小乔木，高达10m。小叶有成对的针刺，嫩枝有微细毛。叶互生，椭圆状卵形或卵状披针形，长2.5～7cm，宽1.2～3.5cm，先端稍钝，基部偏斜，边缘有细锯齿，基出三脉。花较小，淡黄绿色，2～3朵集成腋生的聚伞花序，花萼5裂，花瓣5，雄蕊5，子房柱头2裂。核果卵形至长圆形，长2～3.5cm，直径1.5～2.5cm，表面暗红色，略带光泽，有不规则皱纹，基部凹陷，有短果梗，外果皮薄，中果皮棕黄色或淡褐色，肉质，柔软，富糖性而油润，气微香，味甜；果核纺锤形，两端锐尖，质坚硬。

生长习性：暖温带喜光树种。喜光，好干燥气候。耐寒，耐热，又耐旱涝，耐烟熏，不耐水雾。对土壤要求不严，除沼泽地和重碱性土外，平原、沙地、沟谷、山地皆能生长，以肥沃的微碱性或中性砂壤土生长最好。根系发达，萌蘖力强。

用　　途：枣树具观赏性，宜在庭园、路旁散植或成片栽植。老干可作树桩盆景。果可鲜食或加工。果、根还可入药，性温，味甘，补中益气，养血安神。

繁殖栽培：繁殖以分株和嫁接为主，有的也可播种。

常见病虫害：尺蠖、刺蛾等。

96 黄槿

学　　名：*Hibiscus tiliaceus* L.

别　　名：粿叶树、盐水面头果

科　　属：锦葵科木槿属

产地分布：产于太平洋群岛、东南亚、印度及斯里兰卡，我国东南沿海地区有分布和栽培。

形态特征：常绿乔木，树皮灰白色，嫩茎、叶及花序都披着短柔毛。叶互生，心形，革质，全缘或是有不明显的波状齿缘，具长的叶柄，叶脉掌状，叶背灰白，被有星状绒毛，三角形托叶，早落，疏生星状毛。顶生或腋生的聚伞花序，花冠钟形，裂片5，金黄色，花心暗红色，偶尔也有橙黄色花，有毛。结球形蒴果，表面有粗毛，长2cm，5瓣裂，果瓣木质，种子多数，平滑。

用　　途：热带海岸常见树种，为海岸防风林第二线重要树种；可做行道树、庭园绿化。花可供煮食或生食，嫩叶、嫩枝可作蔬菜；木材供建筑、造船及家具用材，树皮纤维可做绳索。

繁殖栽培：播种或扦插繁殖，扦插方法：于春夏季，选取已木质化的枝条，每段30～40cm，下斜上平截，然后扦插约1/2段于苗床或容器上，保持遮荫与湿度、防冻，待生根后移植。

97 木棉

学　　名： *Bombax malabaricum* DC.

别　　名： 攀枝花、红棉、英雄树、烽火树

科　　属： 木棉科木棉属

产地分布： 原产于海南、福建、广东各省南部；越南、印度至大洋洲也有。

形态特征： 落叶乔木，树干直立有明显瘤刺，枝轮生平伸，枝上有短粗的刺，侧枝轮生作水平方向开展。掌状复叶，叶柄很长，互生，长25～40cm，小叶5～7枚，长10～20cm，矩圆形至椭圆形。花簇生于枝端，早春先叶开放，单生，直径约10cm，红色或橙红色，花萼杯状，常5浅裂，花瓣5枚，雄蕊多数，连成5束，子房5室。蒴果长10～15cm，木质，内壁具绢状纤维，种子黑色，多数，光滑，每年6～7月成熟。

生长习性： 深根性喜光树种，适生于热带干热河谷或低山丘陵以及村边路旁的冲积土。

用　　途： 花极美观，树形通直壮美，适作园林树；棉毛可做枕头、棉被等填充材料；花、根、皮可入药。木材轻软、可做包装材、蒸笼等。

繁殖栽培： 播种繁殖，也可分蘖或扦插繁殖。在蒴果未开裂前采收，经暴晒裂开后，敲击棉花抖落种子。种子不可久藏，宜采后随育，移植应在落叶后进行。另有园林栽培种美丽异木棉。

98 山茶花

学　　名： *Camellia japonica* L.

别　　名： 茶花、晚山茶、耐冬、曼陀罗树

科　　属： 山茶科山茶属

产地分布： 原产中国长江流域以及西南各地，全球大部分地区均有种植。

形态特征： 常绿阔叶灌木，枝条黄褐色，小枝呈绿色至紫褐色。叶片革质，互生，椭圆形、卵形至倒卵形，长4～10cm，先端渐尖或急尖，基部楔形至近半圆形，边缘有锯齿，叶面深绿色，背面较淡，叶片光滑无毛，叶柄粗短，有柔毛或无毛。花单生或2～3朵着生于枝梢顶端或叶腋间，花单瓣、半重瓣或重瓣，花梗极短或不明显，苞萼9～13片，覆瓦状排列，被茸毛，花瓣5～7片，呈1～2轮覆瓦状排列，花朵直径5～6cm，红色、白色或粉色，花瓣先端有凹或缺口，雄蕊发达，多达100余枚，花丝白色或有红晕，基部连生成筒状，集聚花心，花药金黄色，雌蕊发育正常，子房光滑无毛，3～4室，花柱单一，柱头3～5裂，结实率高。蒴果圆形，外壳木质化，成熟蒴果能自然从背缝开裂，散出种子。种子淡褐色或黑褐色，近球形或相互挤压成多边形，种皮角质坚硬，种子富含油质，子叶肥厚。

生长习性： 喜温暖湿润的气候环境，忌烈日，喜半阴的散射光照，亦耐荫。喜空气湿度大，忌干燥，不耐高温，对土质不苛求，喜肥沃、疏松的微酸性沙质土壤。

用　　途： 为我国传统十大名花之一，也是世界名花之一，极具观赏性，可为园林观赏树种，可以作为盆花；茶花还可作为切花材料。叶、茎、花均可入药。具有凉血、止血、散瘀、消肿之功效。具有很强的吸收二氧化碳的能力，对二氧化硫、 硫化氢、氯气、氟化氢和烟雾等有害气体，有很强的抗性，能保护环境，净化空气。

繁殖栽培： 常用的繁殖方法有扦插、嫁接、播种。扦插以气温25℃左右为宜。插穗应选取叶片完整、叶芽饱满和无病虫害的当年生半成熟枝。插穗长度4～10cm，先端留2个叶片，剪取时下部要带踵（上年生枝条）。用0.4%～0.5%吲哚丁酸溶液浸蘸插条基部2～5秒。扦插密度一般行距10～14cm，株距3～4cm，浅插入土3cm左右。插后喷透水，扦插前期要保持足够的湿度，减少热气对流，切忌阳光直射，约30天左右生根。嫁接法采用油茶苗砧芽嫁接，幼苗高达4～5cm时可作为砧木用劈接法进行嫁接。播种：适用于单瓣或半重瓣品种。10月上、中旬，将采收的果实放置室内通风处阴干，待蒴果开裂取出种子后，立即播种或沙藏至翌年2月间播种。高压：选用健壮1年生枝条，离顶端20厘米处，行环状剥皮，宽1厘米，用腐叶土缚上后包以塑料薄膜，约60天后生根。

常见病虫害： 茶花炭疽病、茶花饼病；红蜘蛛及介壳虫等。

99 油茶

学　　名： *Camellia oleifera* Abel.

别　　名： 茶子树、白花茶

科　　属： 山茶科山茶属

产地分布： 产于四川、云南、贵州、安徽、江苏、浙江、江西、福建、湖北、湖南。

形态特征： 常绿灌木或小乔木，枝略被毛，树皮黄褐色，芽有疏松的鳞片，稍被毛。叶互生，革质，椭圆形或椭圆状矩圆形，长4～10cm，宽2～4cm，先端渐尖，基部宽楔形，边缘有小锯齿，上面有光泽，嫩时疏生茸毛，侧脉不明显，叶柄长约6mm，有毛。花白色，单生或并生于枝顶，无梗，花直径约4cm，萼片圆形，外被丝毛，花瓣5～7，倒卵形，长2.5～4.5cm，先端深2裂，外面稀被毛，雄蕊多数，子房密被丝状绒毛，花柱顶端3浅裂，基部有毛。蒴果近球形，直径约2.2cm，2～3裂，果瓣厚木质。种子1～2粒，背圆腹扁，长2.5cm。花期9～11月。

生长习性： 喜温暖，怕寒冷，需充足阳光，否则造成徒长，结果少，含油率低。要求水分充足，年降水量一般要求在1000mm以上，但因会影响授粉，花期忌连续降雨。适在坡度和缓、侵蚀作用弱的地方栽植，对土壤要求不严，一般适宜土层深厚的酸性土，而不适于石块多和土质坚硬的地方。

用　　途： 重要木本油料植物，种子含油30%以上，供食用及润发、调药，可制蜡烛和肥皂，也可作机油的代用品；果壳可提栲胶、皂素、糠醛等。茶油性凉，味甘，具清热化湿、杀虫解毒的功效。

繁殖栽培： 可用播种及扦插法繁殖。

100 木荷

学　　名： *Schima superba* Gaert.et Champ.

别　　名： 何树

科　　属： 山茶科木荷属

产地分布： 产于江苏、浙江、安徽、江西、湖南、四川、贵州、云南、广东等省。

形态特征： 常绿乔木，树皮灰褐色，块状纵裂。叶革质，卵状椭圆形至矩圆形，先端渐尖或短尖，基部楔形，无毛，长10～12cm，宽2.5～5cm，新叶初发，老叶入秋均呈艳红色。花白色或淡红色，单朵顶生或集成短总状花序，芳香，蒴果木质，扁球形或近球形，直径约1.5cm。种子扁平、肾形，边缘具翅。花期5～7月，果期9～11月。

生长习性： 喜温暖湿润气候，土壤肥沃、排水良好之酸性土壤，在碱性土质中生长不良。

用　　途： 木材坚硬，供建筑用。叶、根皮入药。叶片浓厚，耐火、发芽力强，与马尾松、湿地松混交，可有效地防止和减轻森林火灾，减轻松毛虫的危害。

繁殖栽培： 播种繁殖。

101 黄瑞木

学　　名： *Adinandra millettii*（Hook. et Arn.）Benth. et Hook. f.

别　　名： 毛药红淡、乌珠子、杨桐、鸡仔茶、黄板叉木

科　　属： 山茶科黄瑞木属(杨桐属)

产地分布： 分布于江苏、安徽、浙江、江西、福建、湖南、广东、广西等地。

形态特征： 落叶灌木或小乔木，高可达5m，嫩枝和顶芽疏生柔毛。单叶互生，叶具短柄，叶片厚革质，长圆状椭圆形，长4.5～9cm，宽2～3cm，先端短尖，基部渐狭，全缘，偶见上半部有细锯齿，幼时有密集的柔毛，后变无毛。花两性，黄白色，呈伞房状聚伞花序单生于叶腋，花梗纤细，长约2cm，有短毛，萼片5，卵状三角形，外面被短毛，边缘近于膜质，有细腺齿和睫毛，花冠裂片5，无毛，雄蕊约25枚，花药密生白色柔毛，子房上位，3室，有白色柔毛，花柱无毛。浆果近球形，直径7～8mm，有柔毛或近于无毛，种子细小，黑色，光亮。

用　　途： 庭园绿化观赏树种，种子含油量约30%，可供食用和工业应用；根、嫩叶入药，有凉血止血、消肿解毒之功效。

繁殖栽培： 以扦插育苗为主。落叶后从健壮的母树剪取粗壮的当年生枝条，截成长15～18cm的插穗，上剪口距第1个芽1～2cm，按粗、细分级，30～50根1捆，沙藏越冬。扦插时间以清明节前后为宜。选择靠近水源、土层深厚肥沃、排水良好的土壤为圃地。育苗前施足底肥，并进行消毒杀菌，扦插株行距为15cm×25cm，角度以70°为宜，深度以插条露出地面1～2cm为宜，扦插时切勿碰掉插穗上的芽，插后立即踏实，灌水。

102 番木瓜

学　　名： *Carica papaya* L.

别　　名： 木瓜、番瓜、乳果

科　　属： 番木瓜科番木瓜属

产地分布： 产于热带美洲。我国广东、海南、广西、福建都有栽培。

形态特征： 常绿小乔木或灌木，具乳汁，干通直，通常不分枝。叶有长柄，聚生于茎顶，叶片大，掌状分裂，少有全缘，无托叶。有雄株、雌株及两性株，花有单性或完全花，雄花通常组成下垂的总状花序或圆锥花序，花冠管细长，雄蕊10；雌花单生于叶腋或数朵组成伞房花序，花萼极小，花瓣5，有极短的管，子房上位，1室或由假隔膜分成5室，侧膜胎座，胚珠多数，花柱5，柱头多分枝；两性花花冠管极短或长，雄蕊5～10。浆果大，肉质，成熟时橙黄色或黄色，长圆形、倒卵状长圆形、梨形或近球形，果肉柔软多汁，味香甜；种子多数，卵球形，黄褐色或黑色，具皱纹。

生长习性： 喜炎热及光照，不耐寒，根系浅，怕大风，忌积水，对土壤的适应性较强，以肥沃、疏松的沙质壤土生长最好。

用　　途： 番木瓜在我国南方作果树和庭园树栽培。果肉质厚、软、甜、有香味，含丰富糖分、有机酸、蛋白质、脂肪、维他命B、C、钙、铁等营养成分。果肉可鲜食，还可以做蔬食，炒、煮、腌或加工制成蜜饯、饮料等各种食品。番木瓜也是良好的食疗果品，果实有健脾胃、助消化、通两便、清暑解渴、解酒毒、降血压、解毒消肿、通乳、驱虫之功效。

繁殖栽培： 播种育苗。宜随采随育，播前用凉水浸泡20～30小时，可提前发芽。40～50天苗就可定植。

103 紫薇

学　　名： *Lagerstroemia indica* L.

别　　名： 百日红、满堂红、痒痒树、小叶紫薇

科　　属： 千屈菜科紫薇属

产地分布： 产东南亚直至大洋洲，以我国为分布和栽培中心。斯里兰卡、印度、尼泊尔、孟加拉国及印度尼西亚也有。

形态特征： 落叶乔木，高可达8m，树皮呈长薄片状，剥落后平滑细腻。小枝近四棱形，常有狭翅，红褐色，后为圆柱形，无毛或顶端被微毛，节处膨大，有时小枝在节处成束状簇生。单叶对生或近对生，椭圆形至倒卵形，长3～7cm，基部近圆形或广楔形，顶端短渐尖，背面微白灰色，近无毛或中脉上被短柔毛，侧脉6～7，网状脉不明显，短柄长2～4mm。总状花序，腋生或顶生，花梗长3～7mm，花6数，萼片极为展开，与萼管等长或长于萼管1/3；花瓣呈白、黄、红、紫等色，径约2.5～3cm，四方形至圆形，稀宽卵形，缘皱，长5～6mm，基部长爪状，长1～2mm，雄蕊26～49枚，3～6枚成束着生于萼管中。子房上位。蒴果近球形，黑色，6瓣裂，长1.5～2cm，径约1.2cm，基部具宿存花萼，种子有翅。花期6～9月，果熟10～11月。

生长习性： 性喜温暖、湿润，喜光而稍耐荫，有一定的抗寒力和耐旱力，不耐水涝，喜生于排水良好的石灰性土壤和肥沃的砂壤土，在黏质土中生长较慢。长寿。

用　　途： 紫薇树姿、干、花、叶俱美，极具观赏性，能抗各种有毒气体。

繁殖栽培： 以扦插、压条繁殖为主，也可分株或播种繁殖。扦插宜春、夏季进行，易生根。分株时多将基部萌蘖枝带根挖出，短截后另行栽植。播种则应种子采收后即播或干藏至翌年春播。移植需在春、秋两季进行。

104 大花紫薇

学　　名： *Lagerstroemia speciosa* (L.)Pers.

别　　名： 大叶紫薇

科　　属： 千屈菜科紫薇属

产地分布： 产东亚、西亚至大洋洲，中国为分布栽培中心。

形态特征： 落叶乔木，干直立，树皮黑褐色，分枝多，枝开展，圆伞形。单叶对生，椭圆形、长卵形至长椭圆形，长可达20cm，先端锐，全缘。圆锥花序顶生，花紫色，花型大，径5～7cm，6片淡紫色花瓣，边缘呈不齐波状，花萼有明显槽纹，花色由粉红变紫红，花萼有棱槽及鳞片状柔毛。蒴果圆球形，径约2.5cm，成熟时茶褐色，自裂成6片。花期5～8月，果秋季成熟。

生长习性： 喜温暖湿润，喜阳光而稍耐荫，耐热、不耐寒、耐旱、耐碱、耐风、耐剪、抗污染。喜生于石灰质土壤。

用　　途： 极具观赏价值，在各类园林绿地中种植，可单植、列植、群植，也可用于街道绿化和盆栽观赏。

繁殖栽培： 用播种、扦插、分蘖等法繁殖。

105 石榴

学　　名：*Punica granatum* L.

别　　名：安石榴、若榴、丹若、金罂、金庞、涂林海石榴

科　　属：石榴科石榴属

产地分布：原产于伊朗、阿富汗等。我国除极寒地区外，各地均有栽培分布。

形态特征：半落叶灌木或小乔木，树高可达5～7m，干黄褐色，上有瘤状突起，分枝多，嫩枝有棱，多呈方形，枝顶有小刺，老枝粗糙并呈鳞片状剥落。单叶对生，在短枝上常簇生，长披针形，长2～6cm，尖端圆钝或微尖，质厚，全缘。花多红色，也有白、黄、粉红等色，花瓣多达数十枚，子房下位。浆果，近球形，米黄色、熟时暗红色，每室内有多数籽粒，外种皮肉质，呈鲜红、淡红或白色，多汁，甜而带酸。花期5～6月，果期9～10月。

生长习性：喜光，较耐瘠薄、干旱，怕水涝。有一定的耐寒能力，喜湿润肥沃的石灰质土壤。

用　　途：既可观花又可观果，且可食用。适作园林绿化树种或盆栽。

繁殖栽培：石榴枝条极易生根，可用扦插、压条和分株多种方法繁殖苗木，生产上多用扦插法。硬枝春插，软枝夏插，易成活。

106 秋茄

学　　名：*Kandelia candel* (L.)Druce

别　　名：水笔仔

科　　属：红树科秋茄属

产地分布：从马来西亚到中国东南部均有分布，是最常见的红树林植物。

形态特征：显胎生红树林，常绿乔木、小乔木或灌丛，茎基部粗大，具板状根或密集小支柱根。叶交互对生，革质至厚革质，长圆形或倒卵状长圆形，绿色，长5～12cm，宽2～5cm。花白色，花丝纤细，分离。果倒卵形，种子于果离母树前发芽（胎生特征），形成瘦长胚轴，成熟胎生苗长达20～30cm，尖端弯曲呈红褐色。花期在7～8月，成熟期由12月至翌年4月。

生长习性：喜高温、湿润气候，常生于海盐滩或海湾内沼泽地。病虫害较少。

繁殖栽培：用胎生胚轴育苗或插植。4～5月，采树上的果实（胚轴苗），随采随种，尖头的一端向下插入滩涂中4～5cm，适当密植。

107 喜树

学　　名：*Camptotheca acuminata* Decne.

别　　名：旱莲木、千丈树

科　　属：蓝果树科（珙桐科）喜树属

产地分布：产长江流域、西南和华南各地。

形态特征：落叶乔木，高可达25m，树干通直；枝条伸展，树皮灰色或浅灰色，有稀疏圆形或卵形皮孔。叶互生，纸质，卵状椭圆形或长圆形，长10～26cm，宽6～10cm，先端渐尖，基部圆形，上面亮绿色，嫩时叶脉上被短柔毛，下面淡绿色，被稀疏短柔毛，侧脉显著，10～12对，弧形平行，全缘，叶柄带红色，长1.5～3cm，嫩时被柔毛。头状花序近于球形，顶生或腋生，顶生的花序具雌花，腋生的花序具雄花，总花梗长4～6cm，花杂性，同株，苞片3枚，三角状卵形；花萼杯状，5浅裂，裂片齿状，花瓣5枚，淡绿色，长圆形或长圆卵形，长2mm，早落，花盘显著，微裂，雄蕊10枚，外轮5枚，较长，常伸出花冠外，内轮5枚较短，花丝细长，无毛，花药4室，子房在两性花中发育良好，下位，花柱无毛，长4mm，顶端分2支。翅果长圆形，长2～2.5cm，顶端具宿存的花盘，两侧具窄翅，着生于近球形的头状果序上。花期6～8月，果期10～11月。

生长习性：喜光，稍耐荫，喜温暖湿润气候，较耐水湿，不耐寒，浅根性，生长快，对土壤要求不严格，在地下水位较高的河滩、湖池堤岸或渠道旁生长最佳。

用　　途：优良庭园风景树和绿荫树，也可作行道树和堤岸树。树皮可提喜树碱，有一定抗血癌及肉瘤的效果，但毒性较大。

繁殖栽培：当瘦果由青绿变为淡黄褐色时，采收种子，进行挑选、去杂，放在阴凉、通风处晾干，装袋，干藏，翌年春播种。播种前用0.5%高锰酸钾溶液浸种1～2小时，然后漂洗干净，再用40℃左右的温水浸种泡12小时。取出种子与1/3新鲜河沙混合均匀，进行催芽，注意保持湿润，并经常翻动，使种子受热均匀，待大部分种子开始露白时即可播种。

108 小叶榄仁

学　　名： *Terminalia mantaly* H. Perrier.

别　　名： 法国枇杷、细叶榄仁、非洲榄仁、雨伞树

科　　属： 使君子科榄仁属

产地分布： 非洲；我国广东、香港、台湾、广西等地有栽培。

形态特征： 落叶大乔木，高5～10m，主干浑圆通直，细长，分枝极多，水平伸展，轮生于主干四周。叶片小，细密且单薄，枇杷状倒卵形，几片小叶簇生在枝端，叶朝上举，冬季落叶。花甚小，绿色或黄绿色，呈穗状花序，长于枝条先端的叶腋。果实为核果，长卵形，初为绿色，成熟时呈褐黑色。

生长习性： 性喜高温湿润气候，生长慢，耐热、耐湿、耐碱、耐瘠、抗污染、稍耐荫，深根性，易移植，寿命长。不拘土质，但以肥沃的沙质土壤为最佳。病虫害少。

用　　途： 景观树、行道树，树材可供建筑，果皮含鞣质，可作染料。种仁可炒食、生食或榨油。

繁殖栽培： 播种法，取成熟掉落的果实，沙藏至翌春或夏季播种，播前连果皮用凉水浸泡1～2天，外皮吸饱水后即播。

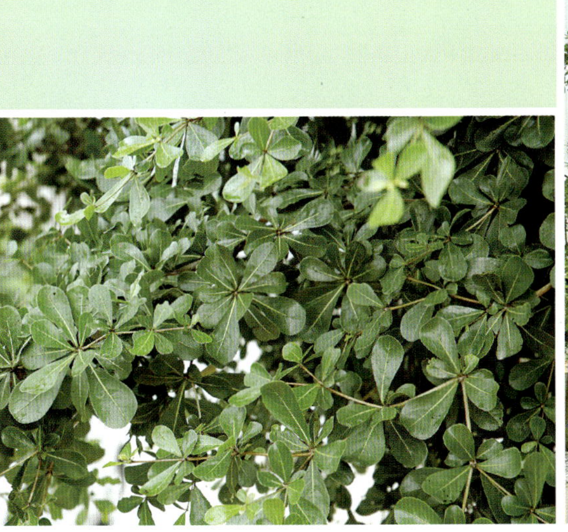

109 红千层

学　　名：*Callistemon rigidus* R.Br.

别　　名：红瓶刷、金宝树、刷毛桢

科　　属：桃金娘科瓶刷子树属

产地分布：原产澳大利亚。

形态特征：常绿灌木，高达3m。树皮暗灰色，幼枝和幼叶被白色柔毛。叶长披针形，叶色浓绿，叶坚硬而尖，无毛，无柄，有透明腺点，长3.3～8cm，宽约2cm，有明显小突点，中脉明显，富含芳香气味，寿命长，每片叶可维持3～6年不等，新老叶片聚生，形成层次。穗状花序稠密，着生枝顶，长10cm，似瓶刷状，花无柄，苞片小，花瓣5枚，雄蕊多数，长2.5cm，簇生于花序上，花色鲜红。蒴果直径7mm，半球形，平顶端截平，木质。

生长习性：喜阳光，喜温暖气候，不耐寒，对水分要求不严，但在湿润的条件下生长较快，喜酸性土壤，能耐旱、耐瘠薄地，萌芽力强，能耐修剪，主根长，侧根少，不耐移植。

用　　途：花期长，花数多，且生性强健，栽培容易，适合庭院美化，还可作行道树和防风林。

繁殖栽培：以播种繁殖为主，也可用扦插法，但扦插繁殖发根率较低。

常见病虫害：红蜘蛛、蚜虫、介壳虫等。

110 白千层

学　　名： *Melaleuca leucadendron* (L.)L.

别　　名： 白千层、佰千层、剥皮树、千层皮、玉树

科　　属： 桃金娘科白千层属

产地分布： 原产澳大利亚，中国福建、广东、广西，云南等地有栽培。

形态特征： 常绿乔木，树皮灰白色，厚而疏松，薄片状剥落。单叶互生，全缘，脉五出，椭圆披针形，4～8cm长，1～2cm宽。筒形穗状花序顶生，长6～12cm，花小，白色，花萼5片，早凋，花瓣5片，远长于花萼，小蕊多数，伸出花瓣，花后花序轴伸长，成为有叶的新枝。蒴果短圆柱形，种子多数。

生长习性： 喜高温，不耐寒，稍耐干旱，喜肥沃土壤，花期1～2月。

用　　途： 其叶与枝可提取芳香油，即国际上习惯称谓的茶树油，广泛用于香料和高级化妆品工业，可作为防腐剂，也是重要的医药化工原料，能高效杀死皮肤表面的真菌，并对皮肤灼伤有疗效作用。生长快，萌发力强，是速生树种。花美观，并具芳香，可作屏障树或行道树。

繁殖栽培： 播种繁殖。蒴果由红褐色转为灰褐色或灰黑色时，即可采收，晾晒开裂后收集种子，干存，播前水浸24小时，阴干后撒播。幼苗需移植，大苗移植要带土球。

常见病虫害： 茎腐病；地老虎，大蟋蟀，绿象鼻等。

111 番石榴

学　　名： *Psidium guajava* L.

别　　名： 芭乐、挪拔、鸡矢果

科　　属： 桃金娘科番石榴属

产地分布： 原产美洲，我国南方各地都有种植。

形态特征： 热带常绿小乔木，没有直立主干，根系发达。单叶对生，叶背有绒毛并中肋侧脉隆起，具短柄，叶全缘，长椭圆形，先端急尖，叶表面暗绿色。花着生于叶腋间，完全花，芳香，花白色，花瓣6～10枚，雄蕊多数，花丝纤细，丛生，雌蕊1枚，子房5室。浆果球形、卵形或梨形，萼宿存，青绿色，熟时红褐色，果肉白色或胭脂红色。种子多数，小而坚硬。花期4～5月和8～9月，果熟7～8月和10～11月。

生长习性： 性喜温热，不耐寒，抗盐碱，耐干旱，也抗水湿。喜光也稍耐荫，不择土壤。

用　　途： 番石榴营养丰富，维生素C含量特高。果味甜香，可连皮生食，还可加工成果汁、浓缩汁、果粉、果酱、浓缩浆、果冻、酿酒等。果、籽、叶、根、树皮均具有药用价值。果实具有治疗糖尿病及降血糖的药效，叶片可治腹泻。

繁殖栽培： 自然界常由鸟类传播，生产上用实生播种或扦插、压条、嫁接繁殖均可。种子采收后洗净随育。

112 洋蒲桃（莲雾）

学　　名：*Syzygium samarangense* (Bl.)Merr.et Perry
别　　名：莲雾、爪哇蒲桃
科　　属：桃金娘科蒲桃属
产地分布：原产马来半岛及安达曼群岛，目前仅东南亚地区有栽培。
形态特征：常绿乔木。树冠圆头形，树高4～6m。单叶对生，椭圆形，革质，无毛，全缘，有边脉，长11～22cm，宽8～12cm，表面浓绿色或蓝绿色，具透明的油点，揉碎后有香气，幼叶为紫红色。聚伞花序顶生或腋生，有花数朵，花浅黄色，每朵花有小花3～10朵，直径3～4cm。浆果，呈梨形或钟形，亦有短棒槌状者，成串聚生，果顶较宽，中心凹陷，果基较小，果长3～6cm，果径4～6cm，呈乳白、淡绿、粉红、鲜红或暗紫红色，果面有光泽，被蜡质，肉白色，海绵状，多汁，味酸甜或淡酸甜，微涩。发育种子1～2粒或无，花期2～4月，果期4～6月。
生长习性：性喜温暖怕寒冷，喜好湿润的肥沃土壤，对土壤条件要求不严，砂土、黏土、红壤和微酸或碱性土壤均能种植，枝条较脆，易受风折。
用　　途：果实美观，具观赏性，宜用作庭园树、园林树及“四旁”绿化树种。鲜果可生食，也可做菜、盐渍、糖渍、制罐及脱水蜜饯或制成果汁等。果可入药，有性味甘平，功能润肺、止咳、除痰、凉血、收敛之功效。
繁殖栽培：播种、高压或嫁接繁殖。宜采后即播，大田育苗需分床和移植。

113 赤楠

学　　名：*Syzygium buxifolium* Hook. et Arn.
别　　名：山乌珠、小叶赤楠、小号犁头树、番仔扫帚、碎叶仔、山乌珠、假黄杨、牛金子
科　　属：桃金娘科蒲桃属
产地分布：分布于长江中下游以南的湖北、湖南、江西、浙江、安徽、福建、广东、广西、贵州等地；越南，日本也有。
形态特征：常绿灌木或小乔木，高可达6m，树皮茶褐色，茎多分枝，小枝四方形。叶革质，对生，偶有3片轮生，倒卵形或阔卵形，长1～3cm，宽0.5～3cm，先端钝，基部楔形，全缘，羽状侧脉细小，下面隆起，无毛，具散生腺点，叶具短柄。聚伞花序顶生或腋生，长2～4.5cm，花白色，萼倒圆锥形，裂片4，短而钝，花瓣4，分离，雄蕊多数。浆果卵圆形，径6～10mm，成熟时紫黑色，顶端冠以宿存萼檐，内有种子1颗。花期5～6月，果期9～10月。
用　　途：生长缓慢、枝叶致密，可作树桩盆景；根和根皮可供药用，花、果和叶枝亦供作花材；木材质地致密坚重，韧性好，可供制器具把柄和支柱。
生长习性：喜光，亦耐荫、耐湿，不耐严寒，喜酸性或微酸性土，生长缓慢、寿命长。
繁殖栽培：播种繁殖，11～12月时采集成种子后播于疏松、肥沃、排水良好的沙质土或腐叶土中。
常见病虫害：腐烂病、煤污病；介壳虫、蚜虫和红蜘蛛。

114 水翁

学　　名： *Cleistocalyx operculatus* （Roxb.）Merr.et Perry

别　　名： 水榕

科　　属： 桃金娘科水翁属

产地分布： 原产中国广东、广西、云南、海南；印度、越南、马来西亚、印度尼西亚及澳大利亚北部有分布。

形态特征： 常绿乔木，高达15m，树皮灰褐色，颇厚，嫩枝压扁，有沟。叶对生，叶片薄革质，长圆形至椭圆形，长7～22cm，宽3～7cm，先端急尖或渐尖，基部阔楔形或略圆，两面多透明腺点，羽状脉，网脉明显，叶柄粗壮，长1～2cm。圆锥花序生于无叶的老枝上，花无梗，2～3朵簇生；花蕾卵形，长约5mm，宽约3.5mm，萼管半球形，长约3mm，萼片连成帽状体，长2～3mm，先端有短喙，花瓣4，常附于帽状萼上，花开时一并脱落，雄蕊多数，分离，长5～8mm，花药卵形，子房下位，2室，花柱长3～5mm。浆果阔卵圆形，长10～12mm，直径10～14mm，成熟时紫黑色，有斑点。花期5～6月。

生长习性： 喜温暖湿润的气候，喜肥，耐湿性强，喜生于水边，对土壤要求不严，一般潮湿的土壤均能种植，忌干旱，有一定的抗污染能力。

用　　途： 喜生于水边，为固岸树种；果可食；皮、叶、花均入药，有很高的医疗价值，具有祛风、解表、消食等作用。

繁殖栽培： 用种子繁殖。秋季采下成熟果实，去皮取出种子，洗净，稍晾干，然后与种子3倍湿沙拌匀，进行沙藏层积处理。春播于3月下旬和4月中旬，按行距30cm开深3cm左右的沟，播入种子覆土后镇压、浇水，保持土壤湿润。

115 柠檬桉

学　　名： *Eucalyptus citriodora* Hook.f.

别　　名： 蚊子树

科　　属： 桃金娘科桉属

产地分布： 原产澳大利亚，我国引种已有近百年历史。我国华南及福建、浙江、云南、四川等地有栽培。

形态特征： 常绿大乔木，高可达40m，胸径达1.2m，干形高耸通直，树皮光滑至树干基部，灰白色或淡红灰色，春夏季间呈片状脱落。萌芽上的幼枝叶对生近无柄，卵状披针形，幼叶披棕色红腺毛，成熟叶呈披针形至长卵状披针形，互生，具柄，具浓厚柠檬香味。花较小，小伞形花序。蒴果卵状壶形，或坛状，果缘薄，果瓣陷入。花期每年2次，3～4月和10～12月。蒴果9～11月和翌年成熟。

生长习性： 喜光，喜温暖气候，不耐寒，性喜湿润、深厚和疏松的酸性土壤，耐干旱，速生，出材率高。

用　　途： 被誉为“林中仙女”，为华南地区重要造林树种，重要的速生用材树种。树叶可提取芳香油。

繁殖栽培： 种子繁殖。

116 大叶桉

学　　名： *Eucalyptus robusta* Smith

别　　名： 桉树、蚊子树

科　　属： 桃金娘科桉属

产地分布： 原产澳大利亚，我国南部各地区均有栽培。

形态特征： 常绿大乔木，高达20m或更高，树皮深褐色，厚2cm，松软，有不规则裂沟，嫩枝有棱，树皮不剥落。小枝初生淡红色，渐变为褐色。叶互生，但幼态叶对生，革质，卵形或卵状披针形，长8～15cm，宽达7cm，顶端渐尖或短渐尖，两面有腺点，侧脉多而明显，距边缘1～1.5mm处连成封闭的边脉，叶柄长1～2.5cm，幼态叶的叶柄常盾状着生。伞形花序腋生或侧生，4～8朵，总花梗粗而扁，花蕾长1.4～2cm，花萼帽状体厚，直径约9mm，顶端具喙，萼管半球形或倒圆锥形，长7～9mm，雄蕊多数，长1～1.2cm，花药纵裂。蒴果倒卵形至壶形，长1～1.5cm，上半部略收缩，果瓣3～4，深藏于萼管内。

生长习性： 强喜光，喜暖热气候，生长快。

用　　途： 行道树和防风林树种。速生，适应性强，木材坚韧耐腐，可作枕木、电杆、矿柱、建筑、家具等用材和造纸用材。树叶可提取桉油，树皮可提取鞣质。

繁殖栽培： 播种繁殖。

117 窿缘桉

学　　名： *Eucalyptus exserta* F. Muell.

别　　名： 小叶桉、风吹柳

科　　属： 桃金娘科桉属

产地分布： 原产澳大利亚，广西、广东有栽培。

形态特征： 常绿乔木，树皮灰褐色，粗糙而有裂纹，常呈片状脱落。叶狭披针形，长8～15cm，有时更长，稍呈镰状而渐尖，下部的常卵形，稍厚，侧脉多数，边脉稍离叶缘。伞形花序腋生或侧生，有花3～8朵；花淡黄白色；萼筒半球形，有不明显的棱，宽约4mm，帽状体半球形或圆锥状，渐尖；雄蕊多数，长约6mm或更长，花药卵形，药室平排，纵裂。蒴果近球形，直径6～7mm，果缘突出萼管2～2.5mm，果缘阔而高，突起，几成圆锥状，果瓣4，突出，长1～1.5mm。花期5～9月。

生长习性： 喜温暖湿润气候，喜光、不耐寒，要求年平均温度18℃以上，无霜或稍有轻霜，约对低温0℃以下，受不同程度冻害。要求雨量充沛，在年降雨量1500mm的地区，生长良好。亦耐干旱，旱季5～6个月仍能生长。对土壤要求不严，适生于酸性红壤，能耐盐碱。

用　　途： 木材坚硬耐腐，为矿柱、建筑、造纸等用材；枝叶可提芳香油；又为良好的庭园风景树和行道树。

繁殖栽培： 种子繁殖。

118 尾叶桉

学　　名： *Eucalyptus urophylla*

科　　属： 桃金娘科桉属

产地分布： 原产印度尼西亚东部群岛。我国东南各省均有栽培，惠安引种的主要品种是U6。

形态特征： 常绿乔木，高10～50m，干形通直，树皮基部宿存粗糙树皮，上部呈薄片状剥落，灰白色或淡红色。嫩叶棕红色，质薄，成熟叶宽披针形，绿色，革质，长12～18cm，宽3.4～4.0cm，中脉明显，侧脉稀疏清晰平行，边脉不清，叶柄微扁平，长约2.5～2.8cm。伞形花序腋生，3～5朵或更多，花柄长22cm，帽状体钝圆锥形，与萼筒等长或近似，果杯状，果径0.5～0.8cm，果柄长0.5～0.6cm。5～6月孕蕾，10～11月开花，翌年5～6月果熟。

生长习性： 喜光，耐瘠薄，耐旱，耐热，生长迅速，速生丰产，轮伐期短，不耐寒。适宜土层深厚、肥沃、疏松、排水良好的山地红壤、砖红壤性红壤。

用　　途： 是著名速生树种。干形通直，出材率高，材质好，纹理直，且用途广泛，可做建材、家具，更是造纸良材，经济价值高，被国内广泛引种，在一些瘦瘠荒山、荒地上种植。

繁殖栽培： 用播种、嫁接、扦插和茎尖组织培养等方法繁殖。

小贴士： 惠安引种速生桉树有巨尾桉（*Eucalyptus grandis*×*Eucalyptus urophylla*）、尾巨桉（*Eucalyptus urophylla*×*Eucalyptus grandis*）、刚果12号桉（*Eucalyptus* ABL12）。

巨尾桉以巨桉为母本、尾叶桉为父本。惠安引种的主要品种是DH32。尾巨桉以尾叶桉为母本、巨桉为父本。惠安引种的主要品种是Ec1、Ec2。两者均喜光，好湿，耐旱，抗热，不耐寒。能够适应各种土壤，最适宜的土壤为肥沃的冲积土。树姿优美，四季常青，宜作园林绿化树种。树叶含芳香油，有杀菌驱蚊作用，可提炼香油。嫩枝和树皮中含有单宁，可以提炼栲胶。生长异常迅速，短轮伐期工业原料林和用材林，用来造纸浆和用材。用播种、嫁接、扦插和茎尖组织培养等方法繁殖。刚果12号桉适宜种在沿海防护林内侧，在惠安长势一般。

刚果12号桉

巨尾桉

尾巨桉

尾叶桉

119 鹅掌柴

学　　名：*Schefflera octophylla* (Lour.)Harms

别　　名：鸭脚木、江某、八叶五加、鸭母树、鸭麻爪

科　　属：五加科鹅掌柴属

产地分布：鹅掌柴原产于南洋群岛一带，欧洲、美洲、大洋洲和非洲有分布。我国南部低山地区阔叶林和针阔混交林中常见树种之一。

形态特征：常绿乔木或灌木，小枝、叶、花序、花萼幼时密被星状短柔毛，后毛渐脱落。复叶有小叶6～9片，小叶纸质至厚纸质，长圆状披针形，长5～12cm，宽3～5cm，全缘或先端有数个疏锯齿。全缘伞形花序多枚组成圆锥花序，花柱合生，粗短，花盘平坦。顶生，花小白色，花后结圆球形果。果径5mm，熟时紫黑色，有棱。

生长习性：喜温暖、湿润、半阳环境。宜生于土质深厚肥沃的酸性土中，稍耐瘠薄。

用　　途：根、皮与叶供药用，根皮及叶可治感冒、流感及其他炎症，浸酒服治跌打损伤。木材材质轻软，致密，宜制火柴杆、蒸笼、筛斗等器具。其是南方冬季的蜜源植物。

繁殖栽培：常用扦插和播种繁殖。

120 桐花树

学　　名：*Aegiceras corniculatum*（L.）Blance

别　　名：羊角木、蜡烛果

科　　属：紫金牛科桐花树属

产地分布：从马来西亚到中国东南部均有分布，是最常见的红树植物。

形态特征：隐胎生红树林，常绿小乔木或灌丛，树皮平滑，红褐至灰黑色。叶互生，革质，叶纹清晰，叶柄带红色，叶尖有卵形的内凹，如刻痕，有泌盐现象。伞形花序顶生，花细小，白色，有浓香。果实细长，呈钓鱼钩状或半月形，成熟时由绿色改变为红褐色。有膝根及支柱根。花期1～4月，果期5～9月。

生长习性：喜高温、湿润气候，常生于海盐滩或海湾内沼泽地。

繁殖栽培：用果实育苗或插植。在8～9月，采收果实，随采随育。

常见病虫害：螟蛾、卷叶蛾等。

121 人心果

学　　名： *Manilkara zapota*（L.）Royen

别　　名： 吴凤柿、人参果、赤铁果等

科　　属： 山榄科铁线子属

产地分布： 原产墨西哥与中美洲，现热带和亚热带地区广泛栽培。我国云南、广西、海南和广东有栽培。

形态特征： 常绿乔木，高可达15m，无性繁殖植株则较矮小。树皮暗褐色，纵横龟裂。茎干和枝条灰褐色，具明显叶痕。全株具白色乳汁。叶轮状互生，革质，浓绿色，有光泽，椭圆形至广披针形，长6～15cm，宽2.5～7cm，全缘，具短柄。花单生，偶有簇生，着生新生枝的叶腋，花小，长约1cm，花萼6片，分为内外两轮，能育雄蕊着生冠管喉部，退化雄蕊花瓣状，花柄长约1cm，密生黄褐色绒毛，花冠筒状，白色。浆果纺锤形、卵形或球形，锈褐色，肉质，长3～8cm，直径3～7cm，单果重40～170克，果皮薄，果肉黄褐色，柔软，有石细胞，味甜。种子扁圆形，黑褐色至黑色，有光泽，每果有种子2～8粒，在果肉中呈轮辐状排列，易与果肉分离。花果期4～9月。

生长习性： 热带树种，适应性广，栽培容易，喜高温多湿和肥沃的沙质壤土，对土壤适应性较强，红壤、砂壤、黏质砂壤以至海边砂土都可种植。易受风害。

用　　途： 供鲜食，也可加工制果酱、果汁、干片和果晶等，具清心、润肺药效。种子、叶和树皮均可入药。树体含乳状汁液，是制造口香糖的胶料，种仁含油达20%。树姿优美，观赏性高，可作行道树或庭院树。

繁殖栽培： 在9～10月果实成熟时，剥去果肉取出种子阴干，翌年春播。压条宜在春季气温20℃以上时进行，在1～2年生枝条按3～4cm宽度环剥，然后用以稻草沤制的肥土包扎，经常保持土团湿润，约2个月可形成新根。定植时需施足基肥。栽后4～5年可结果。

常见病虫害： 炭疽病、煤烟病、叶斑病；蛀心虫、介壳虫。

122 柿

学　　名： *Diospyros kaki* Thunb.

别　　名： 朱果、猴枣

科　　属： 柿树科柿树属

产地分布： 原产于我国长江流域，现各地均有分布。

形态特征： 落叶乔木，高达15m，树冠呈阔卵形或半球形，树皮暗灰色，裂成方形小块，附着在树干上，冬芽先端钝，小枝密被褐色毛。叶互生，椭圆形或倒卵形，革质，叶表深绿色有光泽，叶背淡绿色，入秋部分叶变红，叶痕大、红棕色，维管束痕呈凹入状。花雌雄异株或杂性同株，单生或聚生于新生枝条的叶腋中，花黄白色。浆果卵圆形或扁球形，橙黄或红色，萼片宿存大，先端钝圆。花期5～6月，果熟期9～10月。

生长习性： 强喜光树种，耐寒。喜湿润，也耐干旱，能在空气干燥而土壤较为潮湿的环境下生长，忌积水。深根性，根系强大，吸水、吸肥力强，也耐瘠薄，适应性强，不喜沙质土。潜伏芽寿命长，更新和成枝能力很强。而且更新枝结果快、坐果牢、寿命长。抗污染性强，对氟化氢有较强的抗性。

用　　途： 果可供鲜食和加工，鲜食柿子有润肺祛痰、健脾、止咳、止血、解毒的作用，柿子可制柿饼、酿成柿酒、柿醋，加工成柿脯、柿粉、柿霜、柿茶、冻柿子等等。树形优美，是观叶、观果俱佳的观赏树，适于公园、庭院中孤植或成片种植或山区风景点绿化配置。

繁殖栽培： 育砧嫁接。霜降前后，采成熟果实，取出种子，洗净，晒干，湿沙保存或干存，翌年1～2月，尖头向下插入土中，条播。一年苗可做砧木。

123 女 贞

学　　名： *Ligustrum lucidum* Ait.

别　　名： 桢木、冬青

科　　属： 木犀科女贞属

产地分布： 广泛分布于长江流域及以南地区，华北、西北地区也有栽培。

形态特征： 常绿乔木，广卵形树冠，树皮灰褐色。叶对生，革质，卵形至卵状披针形，表面深绿色有光泽，背面淡绿色平滑无毛。顶生圆锥花序顶生，花小，白色，芳香，长12～20cm。核果，长椭圆形，长约0.8cm，果实成熟呈紫蓝色。花期6～7月，果期11～12月。

生长习性： 喜光，稍耐荫。喜温暖湿润气候，适宜于肥沃、深厚而湿润的微酸性、中性或微碱性土壤。萌发力强，耐修剪。

用　　途： 园林中常见的观赏树种，可于庭院孤植或丛植，亦作为行道树。果实女贞子性凉，味甘，有滋补肝肾，明目乌发之功效。叶、树皮、根也可入药。材质细密，是细木用材。能吸收二氧化硫、氯化氢、氟化氢等有毒气体，并有滞尘、抗烟、隔音功能，适在污染源周围和产生灰尘的厂矿区种植。其是经济虫类白蜡虫幼虫的寄生树种。

繁殖栽培： 播种和扦插育苗。采收核果，搓洗去果肉，取出果核，晾干秋播或沙藏至翌春播，也可干藏，播前用水浸种3～5天，捞出晾干播。

124 桂花

学　　名：*Osmanthus fragrans* (Thunb.)Lour.

别　　名：木犀、丹桂、岩桂、九里香

科　　属：木犀科木犀属

产地分布：原产我国西南和中部，现广泛栽种于长江流域及以南地区。

形态特征：常绿阔叶乔木，高可达15m。因分枝性强且分枝点低，也常呈灌木状。树皮灰褐色或灰白色，有时显出皮孔。单叶对生，革质，光滑，长椭圆形或椭圆状披针形，先端尖或渐尖，基部楔形，深绿色，全缘或上半部疏生锯齿，叶缘波状，芽叠生。花聚伞花序，3～5朵生于叶腋，花冠分裂至基部，有乳白、黄、橙红等色，香气极浓。核果紫黑色。花期9～10月，翌年4月果熟。桂花的品种很多，常见的有4种：金桂、银桂、丹桂和四季桂。

生长习性：喜温暖湿润的气候，耐高温而不耐寒，适生于土层深厚、排水良好、富含腐殖质的偏酸性砂壤土，忌碱性土和积水。通常可连续开花2次，前后相隔15天左右。花期9～10月。

用　　途：桂花气味辛温、无毒，入药有化痰、止咳、生津、止牙痛等功效。桂花可制桂花糕、桂花糖和桂花酒等。桂花叶茂而常绿，树龄长久，秋季开花，芳香四溢，是我国特产的观赏花木和芳香树。

繁殖栽培：播种、压条、嫁接和扦插法繁殖。

常见病虫害：枯枝病、枯斑病、煤烟病、炭疽病、褐斑病、叶枯病；黑刺粉虱、介壳虫、桂花叶蝉、蚜虫、柑橘粉虱、蚱蝉等。

125 糖胶树

学　　名： *Alstonia scholaris* (L.) R. Br.

别　　名： 灯架树、面盆架、面条树

科　　属： 夹竹桃科鸡骨常山属

产地分布： 原产亚洲热带地区和澳大利亚，我国南方地区多有栽培。

形态特征： 常绿乔木，高可达10m以上。树皮灰白色，嫩枝绿色，具白色乳汁。叶3～8枚轮生，具短柄，革质，叶片倒卵状长圆形、倒披针形或长圆形，长7～28cm，宽 2～11cm，顶端钝或圆，基部楔形，侧脉30～50对，几平行，在叶缘处联结。聚伞花序顶生，多花，花萼短，裂片5，卵圆形，两面被短柔毛；花冠高脚碟状，冠筒长 6～10mm，中部以上膨大，内面被短柔毛，花冠裂片 5，向左覆盖，裂片长圆形或卵状长圆形，长2～4mm，宽2～3mm，雄蕊5，着生于冠筒的膨大处，花盘杯状，子房上位，由2枚离生心皮组成，密被柔毛，柱头顶端2裂。蓇葖果线形，2枚离生，细长如豆角状，下垂，长20～57cm，直径2～5mm。种子长圆形，红棕色，两端具缘毛。花期6～11月，果期8月至翌年4月。

生长习性： 喜光，喜高温多湿气候，生活力强，抗风，抗大气污染。生长速度快，耐贫瘠。

用　　途： 良好的园林风景树；乳汁供制口香糖原料；根、树皮、叶均供药用，可治疟疾和发汗。

繁殖栽培： 用播种或扦插繁殖。春、夏两季为育苗期。需排水良好。日照需充足。枝干嫩脆，应防强风吹折。生长迅速，病虫害少。

小贴士： 很多人将糖胶树当成盆架子，其实惠安引种的均是糖胶树。两者主要区别是：两者同科不同属，盆架子为盆架子属，糖胶树为鸡骨常山属；糖胶树叶片较大，先端较圆，3～8片轮生；盆架子叶较小，3～4片轮生，盆架子乳汁有腥甜叶。糖胶树果细长，如豆角状，约25cm；盆架子果较大，长35cm，直径达1.2cm，中有纵浅沟。

126 鸡蛋花

学　　名： *Plumeria rubra* L.

别　　名： 缅栀子、蛋黄花

科　　属： 夹竹桃科鸡蛋花属

产地分布： 原产美洲的墨西哥、委内瑞拉及西印度群岛，我国南方各地有栽培。

形态特征： 落叶灌木或小乔木，高达5m，枝条肥厚肉质，全株有乳汁。叶互生，厚纸质，矩圆状椭圆形或矩圆状倒卵形，长20～40cm，宽7～11cm，常聚集于枝上部。聚伞花序顶生，花萼5裂，花冠筒状，径约5～6cm，裂片狭倒卵形，向左覆盖，比花冠筒长1倍，雄蕊5枚，外面乳白色，中心鲜黄色，极芳香。蓇葖果双生，条状披针形，长10～20cm，径1.5cm，种子矩圆形，扁平，顶端具矩圆形膜质翅。花期5～10月。

生长习性： 性喜高温高湿、阳光充足、排水良好的环境。生性强健，能耐干旱，但畏寒冷、忌涝渍，喜酸性土壤，但也抗碱性。栽培以深厚肥沃、通透良好、富含有机质的酸性砂壤土为佳。

用　　途： 极具观赏性，适合于庭院、草地中栽植，也可盆栽。花香，可提香料，或晒干后供制饮料，还可供药用。

繁殖栽培： 主要用扦插和压条法繁殖。春季萌动前，剪取1年生枝，将渗出的白色乳汁擦拭干净，再晾晒1小时后插入苗床中，保持湿润，30～40天生根萌芽，可移入圃地栽植培育成苗。

127 倒吊笔

学　　名： *Wrightia pubescens* R. Brown

别　　名： 九龙木、墨柱根、章表根、苦常、土北芪、枝桐木、猪松木、细姑木、刀柄

科　　属： 夹竹桃科倒吊笔属

产地分布： 产于云南、广西、广东；马来西亚，印度、越南、印度尼西亚、菲律宾和澳大利亚也有。

形态特征： 常绿乔木，高达20m，具乳汁，树皮黄灰色，浅裂，枝条密生皮孔。小枝柔软下垂，颇似一回羽状复叶。叶对生，叶坚纸质，卵状矩圆形，长2～6.5cm，宽1.5～2.5cm，上面被微柔毛。聚伞花序顶生；花萼5裂，比花冠筒短，花冠白或粉白色至粉红色，漏斗状，花冠裂片5枚，副花冠由10枚鳞片组成，离生，雄蕊5枚，花药伸出花冠喉部之外，心皮粘生。蓇葖果2个粘生，条状披针形，长15～30cm，直径1～2cm，种子条状纺锤形，中有纵浅沟，顶端具黄绢质长达3cm的种毛。花期5～6月，果期7～8月。

生长习性： 喜生于低海拔热带林中。喜温暖，喜光，在土壤肥沃、深厚湿润的平地和山谷中生长良好。

用　　途： 木材可作上等家具、乐器、雕刻优质图章等；根、根皮、茎皮和叶入药，有祛风利湿、化痰散结、祛风解表之功效；树形美观，可做园林观赏树。

128 破布木

学　　名： *Cordia dichotoma* Forst.f.

别　　名： 破布子、树子仔、破果子

科　　属： 紫草科破布木属

产地分布： 广东、福建、海南岛及台湾均有分布；国外印度、马来西亚、澳大利亚、菲律宾、斯里兰卡等地有分布。

形态特征： 灌木或小乔木，高3～12m，树皮灰黑色。单叶互生，叶片卵状矩圆形或卵形，纸质或薄革质，长8～20cm，宽4～10cm，先端短渐尖，常破裂，基部渐窄，末端钝圆，边缘有不明显小锯齿，幼叶下面被星状柔毛，基出脉3条，叶柄粗壮，长约1.5cm，托叶线状披针形，长为叶柄之半。聚伞花序生小枝顶端，两叉状稀疏分枝，被灰黄色短毛及星状柔毛，两性花和雄花异株，萼片长圆形，长约5mm，花瓣5，较萼片短，长圆形，淡黄色。核果近球形，绿色，坚硬，长约1cm，果皮含乳白色黏液，无毛，成熟时呈淡黄或淡橙黄色，不久果实干缩成黑色，内有种子1粒。

生长习性： 生长势强，耐干旱、耐贫瘠土壤，适应于石灰岩、山坡地等贫瘠土壤栽培，肥沃且水分充足的土壤反倒使其开花及结果少。

用　　途： 破布木果实可以加工成高档酱料，也可做成丸饼。果实有镇咳、排毒解毒，健脾开胃之功效。破布木的树皮、枝干、树根也可入药。

繁殖栽培： 可用播种或插枝法。

129 白骨壤

学　　名：*Avicenni amarina* (Forsk.)Vierh.

别　　名：海榄雌

科　　属：马鞭草科白骨壤属

产地分布：从马来西亚到中国东南部均有分布。

形态特征：植物隐胎生红树林植物，常绿小乔木或灌木，树高因生境而异，0.5～10m不等。树皮呈灰白色，嫩枝有毛。叶革质，椭圆形叶背有白色茸毛。花黄绿色，无柄，常数朵生于枝的顶端，蒴果扁桃心形，大小约1～2cm，绿色，内含1个胚轴。主干的四周长有细长棒状的出水通气根，根内有海绵组织，有助巩固生长及帮助空气交换。有泌盐现象。花期5～7月，果10月左右成熟。

生长习性：喜高温、湿润气候，常生于海盐滩或海湾内沼泽地。

繁殖栽培：用果实育苗。采成熟果实，随播。防老鼠、招潮蟹危害。

常见病虫害：螟蛾、卷叶蛾等。

130 柚木

学　　名： *Tectona grandis* L.f.

别　　名： 胭脂树、血树、麻栗、环孔树

科　　属： 马鞭草科柚木属

产地分布： 产于缅甸、印度、中南半岛、印度尼西亚等地，非洲西部、热带美洲、西印度群岛等热带地区都有引种，我国也有栽培。

形态特征： 落叶乔木，树皮具浅纵裂，薄而容易剥落，褐色或灰色，枝四棱形，被星状毛。叶对生，极大，卵形或椭圆形，背面密被灰黄色星状毛，叶柄长。圆锥花丛顶生或腋生，花萼钟形，5～6短裂，花色为黄、白色且有芳香气息。核果球形，密被锈色毛，藏于宿存的膜质花萼内，外表具纵棱。

生长习性： 喜光树种，年平均气温以20～27℃为宜，能够忍耐的最高温度为48℃，最低温度为2℃。适生于土层深厚、疏松、肥沃、湿润、排水良好的土壤，在土壤黏重、板结和积水的地区生长不良。根系浅，树冠大，易遭风害。

用　　途： 柚木心材比例大，呈黄褐色至暗褐色，材质致密，耐磨损，强度大，结构致密而美观，纹理通直，易加工，在日晒雨淋、干湿变化较大的情况下不翘不裂，耐水、耐火性强，能抗白蚁和不同海域的海虫蛀食，极耐腐，为世界船舰用材，同时也是营建海港、桥梁工程、建筑、车厢、家具和高级木地板的优良用材。

繁殖栽培： 播种。采果后放在麻袋内反复揉搓，除去宿存花萼和不育种实，取得种子。播前应经催芽处理，去除骨质种皮，催芽方法有两种，一是石灰浆沤种：将种子倒入石灰浆中拌均，上面再撒少量石灰，以不见种子为度，保持湿润，7天后取出种子，放入臼中，轻捣，除去核外绒毛，洗净即可播种；一是浸晒法：将种子推在水泥地暴晒，在下午地表温度最高时，收起种子浸入冷水中过夜，如此重复1周，即可播种。

常见病虫害： 白绢病、青枯病、锈病；螟蛾、介壳虫、象鼻虫等。

131 山牡荆

学　　名： *Vitex quinata* (Lour.)Will.

别　　名： 山埔姜

科　　属： 马鞭草科牡荆属

产地分布： 产浙江、江西、福建、台湾、湖南、广东、广西；日本、印度、马来西亚、菲律宾有分布。

形态特征： 常绿乔木，高达4～12m。树皮灰褐色至深褐色，小枝四棱形，有微柔毛和腺点，老枝渐转为圆柱形。掌状复叶对生，叶柄长2.5～16cm，小叶5枚，很少3枚，中间小叶最大，披针形，长5～12cm，宽2～3cm，先端长渐尖，基部楔形，全缘，无毛，上面散生白色腺点，下面有黄色腺点。花两性，两侧对称，淡黄色，圆锥花序腋生，长9～18cm，密被黄色微柔毛，苞片线形，早落，花萼杯状，长2～3mm，顶端5钝齿，外面密生棕黄色细柔毛和腺点，花冠黄白色，长6～8mm，顶端5裂，二唇形，外面有柔毛和腺点，雄蕊4，伸出花冠外，花丝基部变大而无毛，子房顶端有腺点。核果卵圆形，成熟时由绿色变为黑色，下部有宿存花萼，呈圆盘状，顶端近截形。花期5～7月，果期8～9月。

生长习性： 喜温暖、湿润的气候，适应性强，耐寒，耐旱，耐瘠薄，在肥水充足的良好条件下生长旺盛。

用　　途： 根及叶可入药，其性淡、平。有健脾、止咳定喘、镇静退热的功能，应用于小儿疳积、气管炎、喘咳及发热。木材适作室内装修、文具和胶合板等用。

繁殖栽培： 播种、压条、扦插。

132 泡桐

学　　名： *Paulownia fortunei* (Seem.)Hemsl.

别　　名： 白花泡桐、大果泡桐

科　　属： 玄参科泡桐属

产地分布： 在中国分布广泛，越南、老挝北部也有分布，朝鲜、日本、阿根廷、美国南部、巴西、巴拉圭有引种栽培。

形态特征： 落叶乔木，树皮灰色、灰褐色或灰黑色，幼时平滑，老时纵裂，假二叉分枝。单叶，对生，叶大，卵形，全缘或有浅裂，具长柄，柄上有绒毛。花大，淡紫色或白色，顶生圆锥花序，由多数聚伞花序复合而成。花萼钟状或盘状，肥厚，5深裂，裂片不等大，花冠钟形或漏斗形，上唇2裂、反卷，下唇3裂，直伸或微卷；雄蕊4枚，2长2短，着生于花冠筒基部；雌蕊1枚，花柱细长。蒴果卵形或椭圆形，熟后背缝开裂。种子多数为长圆形，小而轻，两侧具有条纹的翅。

生长习性： 喜热、喜光性树种，不耐严寒，喜水嗜肥，不耐水渍，尤其幼苗期怕水渍。对土壤要求不严，耐土壤贫瘠和盐碱，在沙质至黏性土壤上均能生长，在轻度盐碱化土壤和贫瘠的页岩、片岩风化物土壤上亦能生长。

用　　途： 木材纹理通直，结构均匀，不翘不裂，易于加工，气干容重轻，隔潮性好，不易变形，声学性好，共鸣性强，不易燃烧，油漆染色良好。可供建筑、家具、人造板和乐器等用材。木材的纤维素含量高、材色较浅，是造纸工业的好原料。叶、花、果和树皮可入药。树姿优美，花色美丽鲜艳，并有较强的净化空气和抗大气污染的能力，是城市和工矿区绿化的好树种。

繁殖栽培： 埋根及播种繁殖。蒴果由绿色变黄褐色时可采收，晾晒至木质果壳开裂，取出种子，去杂，晾1～3天，干藏，翌年春播。埋根在春季进行，以大头端径1～4cm为宜，每段15～20cm，晾晒2～3天后，以直埋最好，大头端平剪，下端斜剪，埋时大头端向上与地平或稍露，压实。

常见病虫害： 丛枝病、炭疽病、立枯病；红头芫菁、天牛等。

133 蓝花楹

学　　名： *Jacaranda mimosifolia* D.Don.

别　　名： 蕨树、蓝雾树、巴西红木

科　　属： 紫葳科蓝花楹属

产地分布： 原产巴西、玻利维亚和阿根廷，世界热带地区多有栽培。

形态特征： 落叶乔木，树冠高大，株高可达15m以上。二回羽状复叶对生，羽片通常在16对以上，每一羽片有小叶14～24对，小叶细小，椭圆状披针形，先端锐尖，略被微柔毛，顶端1枚小叶明显大于其他小叶。顶生或腋生的圆锥花序，每序花长可达20cm，花多数，蓝色，钟形。蒴果木质，扁圆形，浅褐色，直径约5cm，种子有翅。初春时落叶，花后抽发新叶。每年开花2次，开花期为春末夏初和秋季，蒴果成熟期为11月。

生长习性： 性喜阳光充足和阳光温暖、多湿气候，要求肥沃、疏松、深厚、湿润且排水良好的土壤，低洼积水或土壤瘠薄则生长不良，不耐寒。

用　　途： 是著名的园林风景树和行道树。树干通直，质软，易于加工，是制作家具的好材料，也是制浆、制纸材料。

繁殖栽培： 用种子、扦插组织培养等方法进行繁殖。蒴果由绿转为黄褐色时采收，摊开阴干后，用工具沿腹线小缝撬开，取出种子，随即播种，否则须放在冰箱3～5℃贮藏。

134 火焰木

学　　名： *Spathodea campanulata* Beauv.

别　　名： 火焰树、苞萼木、喷泉树

科　　属： 紫葳科火焰木属

产地分布： 产于热带非洲，现东南亚、夏威夷和我国南方各地区均有栽培。

形态特征： 常绿乔木，株高可达10m以上，树干直立，灰白色，上部枝条多。奇数羽状复叶，连叶柄长达45cm，时有三出复叶，全缘，小叶4～9对，椭圆形或倒卵形，长5～10cm，宽3～5cm，先端尖，叶脉凹状极明显。伞房式总状花序顶生，花苞萼片向内弯曲聚生，呈圆盘形，小花自圆形的花苞外围逐渐绽开，花大型，长5～10cm；花冠钟状，一侧膨大，长3～5cm，直径5～6cm，猩红色，形如火焰，中心黄色，有纵皱。果皮赤褐色，内有种子，胞背开裂，木质化，种子有膜质翼，可用于播种。花期2～4月。

生长习性： 喜强光，喜高温湿润气候。耐热、耐旱、耐湿、耐瘠、易移植，不耐寒，不抗风，喜肥沃和排水良好的沙质壤土，生长快。害虫少。

用　　途： 观赏树，适庭园绿化或行道树。

繁殖栽培： 扦插法、播种法或高压法，宜在春季进行。

135 老鼠簕

学　　名： *Acanthus ilicifolius* L.

别　　名： 老鼠怕、软骨牡丹

科　　属： 爵床科老鼠簕属

产地分布： 分布于热带亚热带地区。我国海南、广西、广东和福建沿海滩涂湿地上有分布。

形态特征： 常绿灌木，树皮绿色。叶交叉对生，长椭圆形，叶缘通常有锐刺状齿缺，变种的叶全缘，没齿，有泌盐现象，叶上有盐腺体，能排出多余盐分。雌雄同株，花近无柄，蓝色或白色，排成顶生、稠密或间断的穗状花序，苞片卵形，萼片4，外面2枚较大，花冠管短，上唇退化，下唇大，短3裂；雄蕊4，花药1室，有毛，子房有胚珠4颗。蒴果长椭圆形或卵形，对生，绿色，成熟后呈褐色，果皮肉质，内有1～4颗隐胎生种子；种子圆肾形，两侧扁平，盐白色至灰色，径约0.5～0.8cm，种皮疏松。花期1～5月，果期4～7月。

生长习性： 喜高温，喜光，不耐荫蔽。适生在滩涂高潮位红树林边缘。

用　　途： 除具有红树林植物的生态、社会效益外，有较高的医药开发价值，全株可入药，有清热解毒、消肿散结、止咳平喘之功效，用于多种疾病。

繁殖栽培： 通常用种子和扦插育苗。种子育苗：用营养袋育苗，方法与其他造林育苗类似，用育苗袋（12cm×15cm）装填营养土（红土:牛粪:细沙=4:2:1，加适量氮肥），摆放成畦，遮荫。在每年的5～6月份果实成熟（果皮由青色变为橙红色）时采收，晒干分离种子与果皮。种子随采随育。种子先用河水浸种4～5小时，待种子吸涨后每一育苗袋植入1～2粒种子，覆土约0.5cm，用淡水淋透，并用多菌灵对苗床进行消毒。每日浇淡水3～5次，保持苗床湿润。1周左右出苗，待苗长到3～5cm就可以移到河口处，建设苗场，利用涨潮进行浇水炼苗。扦插育苗在春夏季进行，剪取粗壮的1年生已木质化的枝条，长10～12cm，含1～2个节，摘去叶片，上平下稍斜截，将插条下端浸入吲哚丁酸200mg/L溶液中约3cm，处理24小时后扦插于盐度为3‰海水配制的人工砂壤土基质中，定期浇水，使水面刚好淹没基质，保持水面位置稳定，约20天生根后，就可移植。

136 黄栀子

学　　名：*Gardenia jasminoides* Ellis

别　　名：玉荷花、黄栀子、白蟾花

科　　属：茜草科栀子属

产地分布：原产我国长江流域及其以南各地区。

形态特征：常绿丛枝灌木，幼枝绿色，有垢状毛。叶革质，长椭圆形或倒卵状披针形，长6～12cm，宽2～5cm，顶端渐尖，钝头，基部宽楔形，无毛。花大，白色，极芳香，单生于枝端或叶腋，花萼5～7裂，裂片线形，长1～2cm，花冠筒长2～3cm，裂片5枚或较多，花丝短，花药线形，花柱粗厚，柱头扁宽。果实黄色，革质或带肉质，卵形或圆柱形，有5～7纵棱，顶端有宿存的萼裂片。花期6～8月，果期9～11月。

生长习性：喜温暖、湿润气候，不耐寒，喜光，但在蔽荫下叶色好，喜排水良好、疏松、肥沃的酸性土，对二氧化硫有抗性，并可吸硫，净化大气。

用　　途：果实可作黄色染料；果、根可入药，有泻火解毒、清热利湿、凉血散淤之功效。果实可提取桅子苷、山栀子苷、果胶、鞣质等。变种栀子花在庭园栽培作观赏用。

繁殖栽培：繁殖以扦插、压条为主。种子亦可繁殖。

137 藤枝竹

学　　名： *Bambusa lenta* L.C.Chia

科　　属： 禾本科簕竹属

产地分布： 福建南部。

形态特征： 丛生竹，秆高5～10m，径4～4.5cm，尾梢略下弯，节间长35～50cm，幼时被白蜡粉，暗棕色贴生小刺毛，秆壁稍薄，节处不隆起，秆下部略呈“之”字形曲折。多枝簇生，主枝较粗长。叶鞘无毛，背具中脊，纵肋隆起，叶耳狭卵形至镰刀形，边缘具长遂毛，叶舌圆拱，极矮，边缘细齿裂，叶片线形，长9～17cm，宽1.2～3.0cm，表面光滑，背面密生短柔毛，先端渐尖，基部近圆形或楔形。花枝未见。

生长习性： 喜温暖湿润的气候条件，呈微酸性至中性的疏松、肥沃、富含腐殖质的冲积土上种植，畏寒。

用　　途： 秆材柔韧，劈篾性能好，为编制竹器和造纸的优良材料。可作护岸绿化树种。

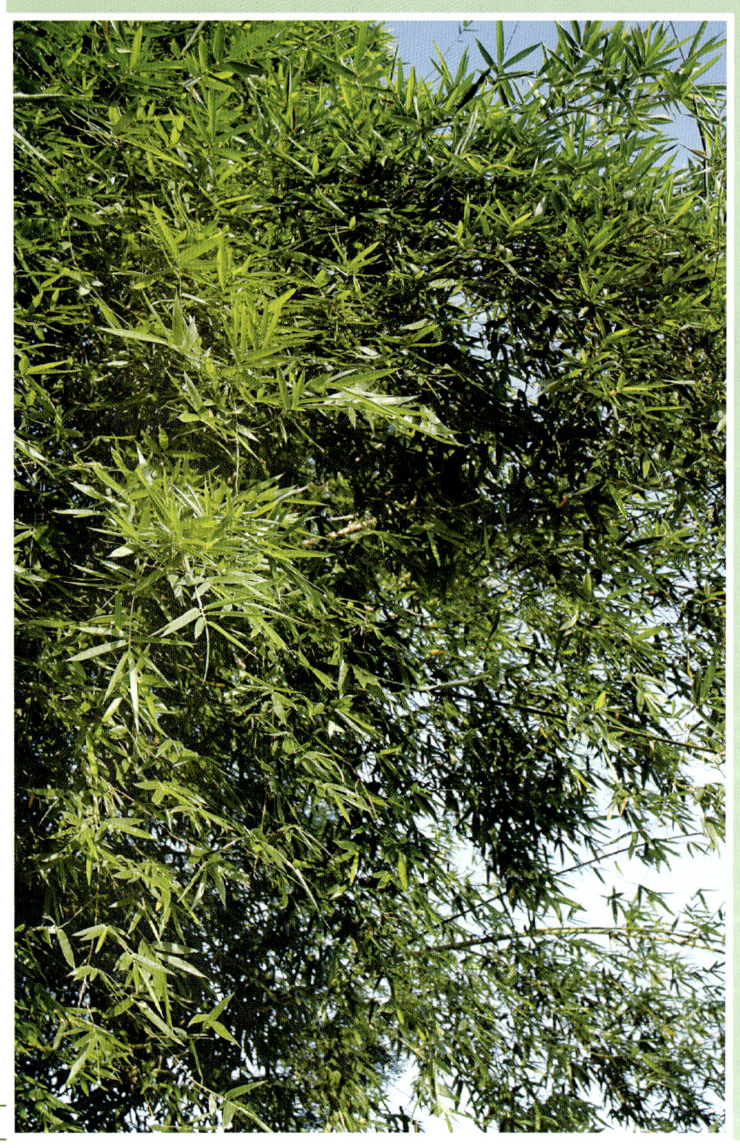

138 佛肚竹

学　　名： *Bambusa vulgaris* Schrader ex Wendl.‘Wamin’

别　　名： 大肚竹、葫芦竹、佛竹、密节竹

科　　属： 禾本科簕竹属

产地分布： 产广东，分布江南及西南各地。

形态特征： 灌木型丛生竹，株高2.5～5m，粗1.2～5.5cm，茎秆奇特，畸形秆通常只高25～50cm，茎节基部膨大如瓶，形似佛肚。幼秆深绿色，稍被白粉，老茎橄榄黄色，秆每节分枝1～3枚，每小枝具叶7～13片，叶片卵状披针形至长矩圆披针形，宽16～33mm，次脉5～9对，背具微毛。

生长习性： 性喜温暖、湿润，不耐寒。宜在肥沃、疏松、湿润、排水良好的沙质壤土中生长。

用　　途： 可栽植于庭园、公园、绿地中，可作盆栽，用于宾馆、饭店、会堂装饰，也是制作盆景的良好材料，有较高的观赏价值。

139 黄金间碧玉竹

学　　名： *Bambusa vulgaris* Schrader ex Wendl.‘Vittata’
别　　名： 黄皮刚竹、黄皮绿筋竹、金竹
科　　属： 禾本科簕竹属
产地分布： 长江流域以南各地。
形态特征： 丛生竹，秆直立，秆高3～10m，径2～8cm，分枝以下仅具箨环，节间圆柱形，节凸起。秆与主枝呈金黄色，其节间分枝一侧的沟槽中，常呈鲜绿色条纹。叶2～6枚生于小枝顶端，长椭圆状披针形，夏秋季翠绿色，冬季转黄色，长6～16cm，宽1～2.2cm，背面近基部疏生长绒毛。笋期6～9月。另有竹秆绿色，中间金黄色的叫碧玉间黄金竹，此两种均为刚竹的变种。
生长习性： 喜光，适应性强，对土壤要求不严，喜酸性、肥沃和排水良好的砂壤土。成长迅速。
用　　途： 竹材坚实，宜整秆用作农具柄及搭棚等小型建筑，篾性尚好，供编织农具及生活用品。笋略苦，煮或水浸后烹调尚好。极美观，适宜庭院栽植。

140 绿 竹

学　　名： *Dendrocalamopsis oldhami* (Munro)Keng f.

别　　名： 坭竹、乌药竹

科　　属： 禾本科绿竹属

产地分布： 产浙江南部、福建、台湾、广东、广西和海南等地区。

形态特征： 丛生竹，主干高6～9m，径粗5～8cm，幼时被白粉，粉退后呈绿色或暗绿色。节间圆筒形，长20～35cm，通常邻近的节间稍作“之”字形曲折；秆壁厚4～12mm。叶鞘长7～15cm，初时被显著小刺毛，以后渐变无毛，边缘大都无毛或有时疏生纤毛，叶耳半圆形，边缘有棕色遂毛，叶舌矮，截平或圆拱起，叶片长圆状披针形，长15～30cm，宽3～6cm，先端长渐尖，基部钝圆或广楔形，上表面无毛，下表面被柔毛，边缘粗糙或有小刺毛，次脉9～14对，脉间的再次脉为9条，小横脉较明显，叶柄长2～6mm。笋期5～11月。

生长习性： 喜温暖湿润的气候条件，适在微酸性至中性的疏松、肥沃、富含腐殖质的冲积土上种植。

用　　途： 绿竹笋的笋肉味道鲜美、脆嫩，营养丰富，含有糖、蛋白质、脂肪、淀粉、维生素A、B、C及磷、铁等微量元素，还含有16～17种对人体有益的游离氨基酸。有清凉、解暑和清肺的药理功能。竹秆可作器具用材，竹材纤维长，为优良造纸原料。从竹秆上刮取的竹茹可入药。绿竹是理想的园林竹种和保持水土的优良树种。

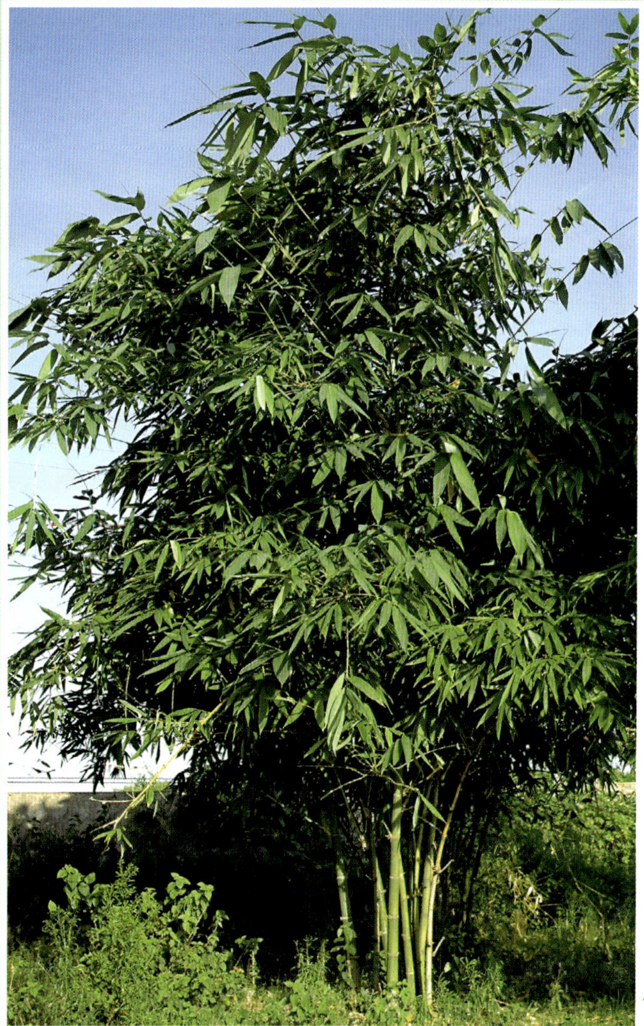

141 麻竹

学　　名： *Sinocalamus latiflorus*(Munro)McClure

别　　名： 甜竹、大头典竹、大头竹、甜竹、吊丝甜竹、青甜竹、大叶乌竹、马竹等

科　　属： 禾本科牡竹属

产地分布： 原产广东、广西、云南、贵州、福建、台湾等地，浙南、赣南有引种栽培。

形态特征： 丛生竹，秆高20～25m，直径15～30cm，梢端长下垂或弧形弯曲，节间长45～60cm，幼时被白粉，但无毛，仅在节内具一圈棕色绒毛环，壁厚1～3cm，秆分枝高，每节分多枝，主枝常单一。末级小枝具7～13叶，叶鞘长19cm，幼时黄棕色小刺毛，后变无毛；叶耳无；叶舌突起，高1～2mm，截平，边缘微齿裂，叶片长椭圆状披针形，长15～35cm，宽2.5～7cm，基部圆，先端渐尖而成小尖头，上表面无毛，下表面的中脉隆起并被有小锯齿，幼时在次脉上还生有细毛茸，次脉7～15对，小横脉尚明显，叶柄无毛，长5～8mm。笋期7～9月。

用　　途： 竹叶常被用来包粽子，笋味甘甜清香，鲜美可口，营养丰富，可鲜食或加工成笋干，制作罐头等。竹秆可作建材或加工竹制品；竹秆、竹枝可作造纸原料；竹叶可做斗笠、包粽子等。

小贴士： 以上竹类属丛生竹类，繁殖栽培方法如下：（1）分兜：选健壮1～2生竹秆，在离秆30cm四周，挖开土壤，由远及近，渐深找出秆柄，用利器切断，连蔸带土挖起移栽。（2）埋兜、埋秆、埋节法：挖好深20～30cm的栽植沟，选健壮竹兜，留秆30～40cm，斜埋于沟中；取埋兜余下的竹秆，剪去各节上的侧枝，留主秆的1～2节作为埋秆、埋节材料。埋秆前先在节上方8～10cm处环锯，深达竹青部分，可促进隐节萌发，埋时节上芽向两侧，梢略高，基部略低，微斜埋于沟中，略高出地面，浇透水再覆草保温。（3）埋枝条：选隐芽饱满而又有根点的1～2生主枝，用利器从基部切断，不伤及枝兜和根点，留3节，保留最上节枝叶，剪去基部侧枝，作为繁殖材料。与地面成30°～40°斜埋入土中，保持枝芽向两侧，只露出最上节枝叶，浇透水再覆草。

竹类常见病害虫：丛枝病、杆锈病；夜蛾、竹象、竹缘蝽、竹蝗、竹螟、毒蛾、舟蛾、竹广肩小蜂、竹枝小蜂、长尾小蜂等。

142 假槟榔

学　　名： *Archontophoenix alexandrae* (F.Muell.)H.Wendl.et Drude.

别　　名： 亚历山大椰子

科　　属： 棕榈科假槟榔属

产地分布： 原产澳大利亚，中国华南地区广为栽培。

形态特征： 常绿乔木，茎单生，直立，顶部为绿色光滑叶鞘束区。叶簇生于端，羽状全裂，芽时外向折叠，2列，裂片条状披针形，全缘，顶端浅裂，中脉及细纵脉均较显著，叶下面及叶轴下面均被鳞秕状绒毛。佛焰花序生于叶鞘束下方，具多数悬垂分枝，佛焰苞2，花无梗，单性，雌雄同株异序；雄花三角形，两侧对称，萼片3，小型，覆瓦状排列，具退化雌蕊，花瓣3，较大，斜长圆形，镊合状排列，雄蕊9～24，花丝近基部合生；雌花近球形，小于雄花，花后花被增大，萼片3，覆瓦状排列，花瓣3，较萼片小，退化雄蕊3，子房三角状卵形，1室，柱头3，小而外弯，胚珠下垂。果小，球形或椭圆形，光亮，熟时深红色。柱头残留顶端，外果皮光滑，中果皮薄，软而肉质，具纵向纤维，内果皮薄，光滑，质脆。种子椭圆形或球形，种脐在基部，延长，种脊分枝网结，胚乳嚼烂状，胚基生。

生长习性： 喜高温，幼苗及嫩叶忌霜冻，老叶可耐轻霜。喜光，不耐荫蔽，幼龄期宜在半阴地生长。肥力中等以上的各类土壤均能生长良好。耐水湿，亦较耐干旱。根系浅，地植不宜过深，无病虫害，易管理。

用　　途： 风景树、行道树。大树叶片可剪下作花篮围圈，幼龄期叶片可剪做切花配叶。

繁殖栽培： 用种子繁殖。采收成熟果实，洗净果肉，用35℃温水浸种2天后播种，保持湿润。

143 鱼尾葵

学　　名：*Caryota ochlandra* Hance

别　　名：孔雀椰子、假桄、面木

科　　属：棕榈科鱼尾葵属

产地分布：原产大洋洲及亚洲热带，我国海南及广东、广西南部有栽培。

形态特征：常绿乔木，高10～20m，径粗10～20cm，干单生，绿色，被白色的毡状绒毛，脱叶处有明显环状痕，如竹节状。叶长2～4m，二回羽状全裂，羽片互生，羽叶扁平，厚革质，上部不整齐，裂片侧面菱形似鱼尾。总苞与花序无鳞秕；花序长约3m，具多数穗状的分枝花序。果皮浅红色，果序长达1～2m，每序有果数百粒，果实球形，下垂，成熟时红色，种子1颗。

生长习性：喜光，耐烈日，不耐荫蔽，耐寒力稍强，能耐短期0℃左右低温，耐软霜，但不耐严寒，喜排水良好、肥沃湿润的钙质土，酸性土亦生长良好，不耐干旱贫瘠土。

用　　途：除供园林绿化外，主要培育做切花配叶。叶片髓心含淀粉，通称桄榔粉，为美味食品。边材坚实，乌黑色，为渡槽、筷条、雕刻材料。可做庭荫树和行道树。羽叶剪下做切花配叶。

繁殖栽培：用种子繁殖播种和分株繁殖。

144 散尾葵

学　　名： *Chrysalidocarpus lutescens* H.Wendl.

别　　名： 黄椰子

科　　属： 棕榈科散尾葵属

产地分布： 原产非洲马达加斯加岛，世界各热带地区多有栽培。我国引种栽培广泛。

形态特征： 丛生常绿灌木或小乔木。茎干光滑无毛刺，上有明显叶痕，呈环纹状，基部多分蘖，呈丛生状生长。叶面滑、细长，羽状复叶，亮绿色，长40～150cm。小叶及叶柄稍弯曲，先端柔软。小羽片披针形，长20～25cm，左右两侧不对称，叶轴中部有背隆起。花小，金黄色，花期3～4月。

生长习性： 性喜温暖湿润、半阴且通风良好的环境，不耐寒，较耐荫，畏烈日，适宜生长在疏松、排水良好、富含腐殖质的土壤，越冬最低温要在10℃以上。

用　　途： 观赏价值较高，多作观赏树栽种，也用于盆栽。

繁殖栽培： 用播种繁殖和分株繁殖。

145 蒲葵

学　　名：*Livistona chinensis* (Jacq.)R.Br.

别　　名：扇叶葵、葵扇叶

科　　属：棕榈科蒲葵属

产地分布：原产于华南，在广东、广西、福建、台湾栽培普遍，内陆地区以湖南南部、广西北部、云南中部为其分布北界。

形态特征：常绿乔木，高达20m。树冠紧实，近圆球形，冠幅可达8m。叶扇形，宽1.5～1.8m，长1.2～1.5m，掌状浅裂至全叶的1/4～2/3，着生茎顶，下垂，裂片条状披针形，顶端长渐尖，再深裂为2，叶柄下部有2列逆刺，叶鞘褐色，纤维甚多。肉穗花序腋生，长1m有余，分枝多而疏散，花小，两性，通常4朵聚生，花冠3裂，几乎达基部。核果椭圆形，状如橄榄，熟时亮紫黑色，外略被白粉，种子椭圆形，1个。花期3～4月，果在10～12月成熟。

生长习性：性喜高温、高湿的热带气候，喜光略耐荫。侧根发达、密集，抗风力强，能在沿海地区生长。对氯气、二氧化硫抗性强。喜湿润、肥沃、富含有机质的黏壤土。能耐一定的水湿和碱潮。

用　　途：观赏树，适宜庭院绿化，或作行道树、风景树。嫩芽可食用。蒲葵叶可编制扇，叶柄和叶脉可作牙签等。叶腋间的纤维可作蓑衣、绳索、扫把等。

繁殖栽培：播种繁殖。采收成熟果实，经堆沤、清洗，再沙藏层积催芽。

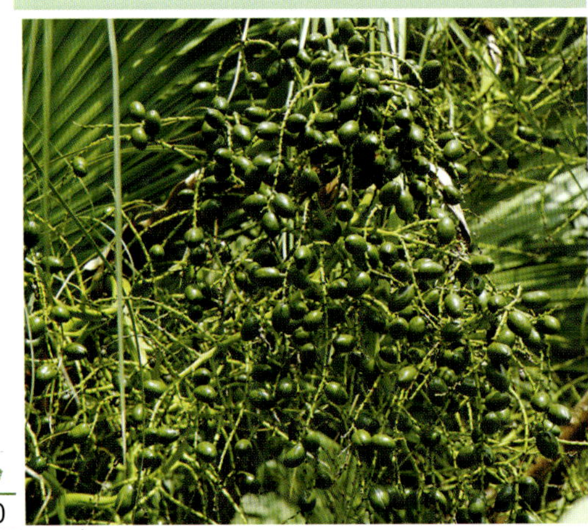

146 加拿利海枣

学　　名： *Phoenix dactylifera* L.

别　　名： 长叶刺葵、加拿利刺葵、槟榔竹

科　　属： 棕榈科刺葵属

产地分布： 原产非洲西岸的加拿利岛，我国南方普遍栽培。

形态特征： 常绿乔木，高可达10～15m，粗20～30cm。干单生，其上覆以不规则的老叶柄基部。羽状复叶，大型，长可达4～6m，呈弓状弯曲，集生于茎端，有小叶150～200对，形窄而刚直，端尖，上部小叶不等距对生，中部小叶等距对生，下部小叶每2～3片簇生，基部小叶成针刺状，叶柄短，基部肥厚，黄褐色，叶柄基部的叶鞘残存在干茎上，形成稀疏的纤维状棕片。肉穗花序从叶间抽出，多分枝。果实卵状球形，先端微突，成熟时橙黄色，有光泽。种子椭圆形，中央具深沟，灰褐色。花期5～7月，果期8～9月。

生长习性： 喜光，耐半阴。耐酷热，极耐寒，耐盐碱，耐贫瘠，在肥沃的土壤中生长迅速，极为抗风。

用　　途： 兼作食用栽培和观赏栽培的树种。果可食，可作行道树、庭园树或盆栽。

繁殖栽培： 播种繁殖，种子随采随播。

常见病虫害： 有叶斑病、炭疽病、疫病等；主要害虫有钻心虫，红棕象甲和椰心叶甲等。

147 美丽针葵

学　　名：*Phoenix roebelenii* O.Brien
别　　名：软叶刺葵
科　　属：棕榈科刺葵属
产地分布：原产于印度，我国南方各地区栽培甚多。
形态特征：常绿灌木，茎短粗，通常单生，亦有丛生，株高1～3m。叶羽片状，初生时直立，稍长后略弯曲下垂，叶柄基部两侧有长刺，且有三角形突起，小叶披针形，长约20～30cm，宽约1cm，较软柔，并垂成弧形。肉穗花序腋生，长20～50cm，雌雄异株。果长约1.5cm，初时淡绿色，成熟时枣红色。
生长习性：性喜高温高湿的热带气候，喜光也耐荫，耐旱，耐瘠，喜排水性良好、肥沃的沙质壤土。
用　　途：适作行道树、园林树等。
繁殖栽培：播种繁殖。

148 棕榈

学　　名： *Trachycarpus fortunei* (Hook.)H.Wendl.

别　　名： 并榈、棕树、唐棕、唐棕榈、山棕

科　　属： 棕榈科棕榈属

产地分布： 产我国长江以南各地区。

形态特征： 常绿乔木。茎单生，高10～15m，胸径20～30cm，上部被片状的叶鞘纤维网所包裹，树冠伞形。叶直径1.5～2m，掌状深裂，裂片40～50片，长线形，簇生于茎端，向四周开展，有狭长皱褶，至中部掌裂，叶柄长，两侧具疏细齿，顶端叶舌稍明显。花单性，雌雄异株，肉穗花序腋生，长40～60cm，花淡黄色，有明显的花苞。果肾状球形，蓝黑色。果熟11月。

生长习性： 喜温暖湿润气候，喜光，耐寒性极强。对土壤要求不严，适应性强，在土层深厚、水肥适中、略带黏性的土壤中生长最好，在轻壤土中生长亦佳。

用　　途： 观赏树，适庭院、路边及花坛栽植。木材可以制器具；提供棕纤维，叶可制扇、帽等工艺品，根入药。棕丝可制绳、蓑、笠、床垫等物品。

繁殖栽培： 播种繁殖，种子成熟时连果穗剪取，阴干后脱粒即播或沙藏层积至翌春播种。

149 国王椰子

学　　名：*Ravenea rivularis* Jum.et Perrier
别　　名：溪棕、佛竹、密节竹
科　　属：棕榈科国王椰子属
产地分布：原产马达加斯加南部，现我国华南各地广泛种植。
形态特征：常绿乔木，单干通直，高可达5～9m，最高可达25m，树干直径可达80cm，表面光滑，密布叶鞘脱落后留下的轮纹，茎干基部膨，向上逐渐变细。叶簇生于茎顶，羽状复叶长1～3m，叶面一条主脉凸起，全裂，小叶线形，长50～90cm。肉穗状花序，雌雄异株。核果近球形，熟时红褐色。
生长习性：喜光照充足、水分充足的生长环境。喜温、耐半阴、抗风性强，且耐移栽，生长速度较快。喜土质疏松肥沃、排水良好的壤土，喜肥嗜镁，若土壤缺镁，则会严重影响植株生长。
用　　途：树型优美，为优美的热带风光树，可作庭园、行道树配置，也可作盆栽。
繁殖栽培：播种繁殖。小苗出土后4～5个月即可移栽定植，移栽宜于春夏两季进行。

150 大王椰子

学　　名： *Roystonea regia* (Kunth) O.F.Cook

别　　名： 王椰、文笔树、王棕

科　　属： 棕榈科王棕属

产地分布： 原产古巴、牙买加、巴拿马，我国华南、东南及西南各地区。

形态特征： 常绿乔木，高20～35m，胸径30～40cm，高耸挺直，单干，干面平滑，灰色，嫩时基部膨大，呈葫芦头状，随成长渐向上变粗，中上部膨大呈长花瓶状，上具明显叶痕环纹，节环明显而平滑。复叶长6～8m，羽状全裂，羽片极多数，小叶披针形，长60～100cm，宽3.5～5cm，先端2裂，尖锐，在叶中轴上呈4列排列，叶鞘绿色，长1.5～2m，环抱茎顶。肉穗花序着生于最外侧的叶鞘着生处，分枝多而短，长40～60cm，花乳白色，雄花花萼3片、花瓣3瓣，雄蕊6～12，雌花花瓣镊合状排列，不完全雄蕊6枚，呈齿牙状突起，子房3室，柱头3。果为浆果，球形直径1～2cm，熟时红褐，含种子1枚。果期10月上旬至翌年3月下旬。

生长习性： 喜光植物，需强光。性喜高温多湿，耐热、耐寒、耐旱、耐湿、耐瘠、抗风、抗污染，老株移植困难，寿命长。以含腐殖质之壤土或沙质壤土最佳，排水需良好。

用　　途： 观赏树，适作行道树、庭园绿化树种。

繁殖栽培： 播种繁殖，种子随采随播。

151 华盛顿椰子

学　　名：*Washingtonia filifera*（Lind. ex André）H. Wendl.

别　　名：丝葵、华盛顿葵、老人葵、华棕

科　　属：棕榈科丝葵属

产地分布：原产美国加利福尼亚州、亚利桑那州及墨西哥北部等地，我国华南、东南、西南地区有引种栽培。

形态特征：常绿乔木，茎单生，高15～20m，基部稍膨大，灰色，有纵裂纹或皱纹。叶近圆形，直径2～3m，掌状深裂，裂片50～100片，线状披针形，长30～40cm，挺直，老叶先端稍下垂，边缘、先端及裂口有多数细长、下垂的丝状纤维，叶柄边缘有红棕色扁的刺齿。果椭圆形，长1～1.5cm，熟时黑色，微有皱纹。花期4～10月。

生长习性：华盛顿棕植株耐热、耐寒性均较强。为抗风能力强，对土质要求不严，耐盐能力中等，滨海地带、海岸、砂土、微酸性土壤及石灰质土壤均可种植。

用　　途：观赏价值高，宜作庭园树，行道树。

繁殖栽培：播种繁殖，种子随采随播。

附 录

中文名称索引

附 录

拉丁学名索引

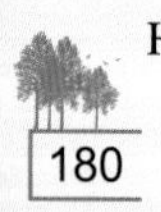

W

Z

参考文献

惠安县林业局. 1993.惠安县林业志.
惠安县林业局. 2004.惠安县笔架山自然保护区科考报告.
中国科学院植物研究所. 1972.中国高等植物图鉴（第一册至第五册）.北京：科学出版社.